纺织服装高等教育"十三五"部委级规划教材

经典服装设计系列丛书

服 装 款 式 大 系

——女上衣
款式图设计1500例

主 编 章瓯雁

著 者 关 丽

东华大学出版社

·上海·

图书在版编目（CIP）数据

女上衣款式图设计1500例／章瓯雁主编；关丽著. —上海：
东华大学出版社，2018.3
（服装款式大系）
ISBN 978-7-5669-1233-6

Ⅰ.① 女…　Ⅱ.① 章…② 关…　Ⅲ.① 女服—服装款
式—款式设计—图集　Ⅳ.① TS941.717-64

中国版本图书馆CIP数据核字（2017）第157747号

责任编辑：冀宏丽
封面设计：李　静
彩图绘制：程锦珊

服装款式大系
FUZHUANG KUANSHI DAXI
　——女上衣款式图设计1500例
NVSHANGYI KUANSHITU SHEJI 1500 LI

主　编　章瓯雁
著　者　关　丽
出　　版：东华大学出版社（上海市延安西路1882号，200051）
出版社网址：dhupress.dhu.edu.cn
天猫旗舰店：http://dhdx.tmall.com
营销中心：021-62193056　62373056　62379558
印　　刷：苏州望电印刷有限公司
开　　本：889 mm × 1194 mm　1/16
印　　张：22
字　　数：780千字
版　　次：2018年3月第1版
印　　次：2018年3月第1次印刷
书　　号：ISBN 978-7-5669-1233-6
定　　价：78.00元

前　言

　　服装款式大系系列丛书是以服装品类为主题的服装款式设计专业系列参考读物，以服装企业设计人员、服装专业院校师生为读者对象，尤其适用于全国职业院校服装设计与工艺赛项技能大赛的参赛者，也是服装企业和服装院校必备的服装款式工具书。

　　女装系列共分为6册，分别为：《女大衣·女风衣款式图设计1500例》《女裤装款式图设计1500例》《女裙装款式图设计1500例》《连衣裙款式图设计1500例》《女衬衫·罩衫款式图设计1500例》《女上衣款式图设计1500例》。该系列的每一册都分为四大部分：第一部分为品类简介，介绍该品类起源、特征、分类，以及经典品类款式等；第二部分为品类款式设计，绘制每一种品类一千余款，尽量做到款式齐全，经典而又流行；第三部分为品类细部设计，单独罗列出每一个品类的各部位的精彩细节设计，便于读者分部位查阅和借鉴；第四部分为该品类整体着装效果，用彩色系列款式图的绘制形式呈现，便于学习者观察系列款式整体着装效果，同时，给学习者提供电脑彩色款式图绘制的借鉴。

　　本书为《女上衣款式图设计1500例》，图文并茂地介绍了上衣的起源、特征、分类以及经典上衣款式，汇集一千多例上衣流行款式，确保其实用性和时尚性；以上衣廓型分类，便于学习者款式查找和借鉴；绘图规范，易于版师直接制版；单独罗列出上衣的领子、袖子等部位的精彩细节设计；最后，采用彩色款式图表现上衣的系列款式整体着装效果。

　　本书第一章由章瓯雁编写，程锦珊插图绘画，第二章至第四章由关丽、章瓯雁编写，图片由章瓯雁调整。全书由章瓯雁任主编，负责统稿。书中部分款式图由姜竹青、郑夏琪、李瑞凤、骆彬、郜笑言、吕玥琦提供，在此一并感谢！

　　由于笔者水平有限，且时间仓促，对书中的疏漏和欠妥之处，敬请服装界的专家、院校的师生和广大的读者予以批评指正。

作者

2018年1月18日于杭州

目　录

第一章　款式概述 / 1

第二章　款式图设计（A型）/ 11

第三章　款式图设计（H型）/ 23

第四章　款式图设计（O型）/ 113

第五章　款式图设计（S型）/ 151

第六章　款式图设计（T型）/ 199

第七章　款式图设计（X型）/ 237

第八章　款式图设计（组合型）/ 287

第九章　细节图设计 / 313

第十章　彩色系列款式图设计 / 337

第一章

款式概述

上衣，英文名 jacket。上衣的概念较宽泛，通常指齐臀前开襟的短外衣，也是女套装的重要组成部分。上衣是 19 世纪以来西方近现代男女装流行的重要品类，其衣长和款式随流行而变化，20 世纪后则影响更广泛（图1、图2）。

图1　1971年圣罗兰双排扣黄缎上衣

图2　1978年皮尔·卡丹红色羊毛外套

第一节　上衣起源

上衣起源于套装，一般可追溯到 16 世纪巴洛克时期的达布里特（double）或斯特尔（justaucorps）外衣，配套长坎肩（vest）和紧身半截裤（culotte）或长度及小腿的裙裤（ringgrave）。18 世纪洛可可时期，套装主要流行法国式外套（habit），配长坎肩（vest）和紧身半截裤（culotte）。

进入 19 世纪后，上衣慢慢成为西方近现代男女装流行的重要品类，如 19 世纪初斯潘塞外套（spencer）、19 世纪末 20 世纪初的诺福克外套（norfolk），于 20 世纪快速流行于社会各阶层的化妆外套、比尔外套、野战夹克、香奈尔外套和狩猎外套等。

第二节　上衣特征

　　作为现代女装的经典品类，上衣设计主要是由领型、袖型、前襟、下摆和口袋五个设计点构成，并由此五部分的造型变化形成丰富多彩的款式。在穿用组合形式上也较为灵活，可搭配衬衫、毛衣、T恤、连衣裙等穿着（图3、图4）。

图3　1890年运动外套　　　　　　图4　1892年大翻驳领燕尾外套

第三节　品类分类

　　上衣一般以款式、用途、工艺特点、外来语或人名等命名，常见的有中山装、西装、学生装、军便装、夹克衫、两用衫、猎装、中西式上衣等各种外出服（图5～图18）。这类服装具有较强的实用性，也是人们从室内到户外的替换服装。可根据季节的变化，选择不同厚薄的面料设计制作。

图5　1920年宽驳领羊毛外套

图6　1940年青果领羊毛外套

图7　1947年迪奥合体上衣

图8　1953年粗花呢钟形外套

图9 1956年赫迪·雅曼窄驳领外套

图10 1957年波列罗式短上装

图11 1964年无袖方领外套

图12 1973年双排扣格纹外套

图13　1974年托迪·纳彼特尖领外套

图14　1979年蒂埃里·穆勒米白色外套

图15　1982年鲁思·安妮宽披肩领夹克

图16　1984年乔治·阿玛尼双排扣外套

图17　1986年双排扣短外套　　　　　　　　　图18　1987年垫肩造型外套

第四节　经典款式

化妆外套（dressing jacket），女士化妆时穿用的宽松长袖短外套。其特征：领口系带扣合，以免弄脏正装。通常以柔软的丝或尼龙类小碎花型面料缝制而成（图19）。

比尔外套（beer jacket），源于20世纪30年代美国普林斯顿大学男女大学生的外套。其特征：方廓型、翻领、衣长齐臀、贴袋和金属扣。常用斜纹棉布裁制。

野战夹克（battle jacket），衣长及腰短夹克，亦称艾森豪威尔外套。因在第二次世界大战（1939~1945年）期间，1943年盟军在法国诺曼底登陆时穿着而举世闻名。其特征：西装翻领、暗门襟、单排扣、盖式贴袋、袖口和门襟配金属扣。通常选用轧别丁和斜纹呢等坚实面料缝制。二战后，被男女休闲服大量模仿而广泛流行（图20）。

香奈尔外套（Chanel jacket），由箱式外套和合身齐膝裙组合而成。外套的设计风格为无领、前开襟、长袖、衣长至臀。可采用粗纺或精纺面料制作，也可用针织面料代替。领口、门襟、袋盖、袖口和衣下摆均有滚边，滚边多采用编结物。外套的胸部和腰部处有两个或四个盖式口袋（图21）。通常内配飘带式真丝衬衫。此外，贝蕾帽、颈链、小背包和高跟鞋等常作为配件。由法国高级女装设计师香奈尔于20世纪50年代推出而得名，为职业女性的经典服装。

狩猎外套（safari jacket），20世纪60年代末法国迪奥品牌为丛林外套（bush jacket）女上装所取的别名。20世纪80年代，则流行无腰带且加配肩章的变化款式（图22）。

图19　化妆外套（dressing jacket）

图20　野战夹克（battle jacket）

图21　香奈尔外套（Chanel jacket）

图22　狩猎外套（safari jacket）

第二章

款式图设计（Ａ型）

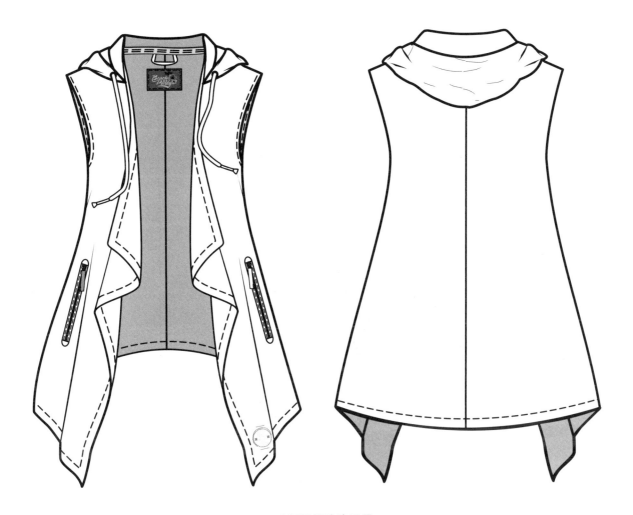

连帽门襟波浪马甲

门襟波浪褶斗篷

斗篷式半开襟休闲外套

宽松型直线分割休闲外套

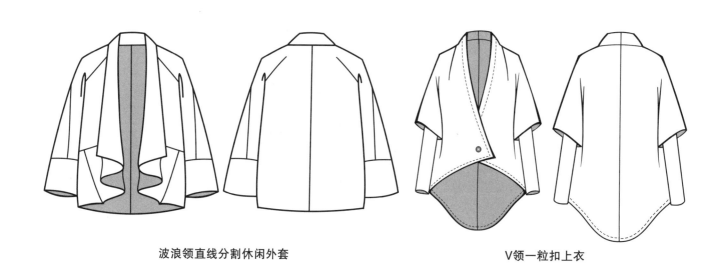

波浪领直线分割休闲外套

V领一粒扣上衣

水袖长款上衣

分割缉线休闲外套

波浪下摆胸前抽褶斗篷

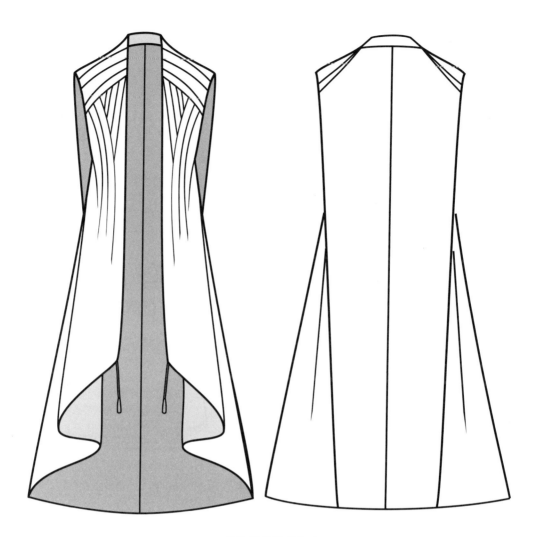

编织长款流苏马甲

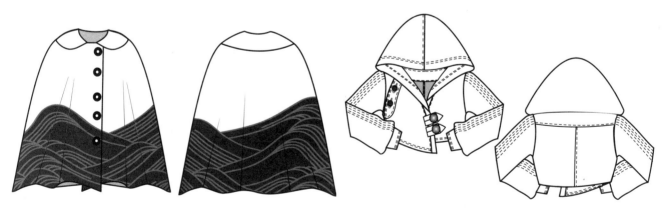

翻领波浪下摆斗篷

带帽袖口抽细褶短上衣

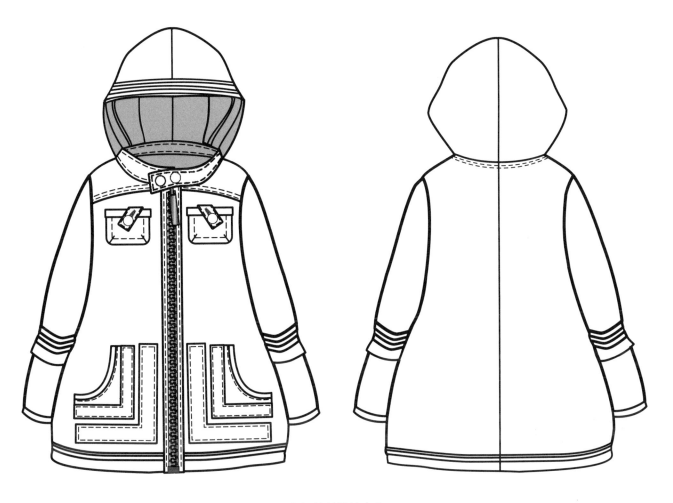

带帽拉链结构上衣

V领短款蝙蝠袖上衣

带帽中袖短款上衣

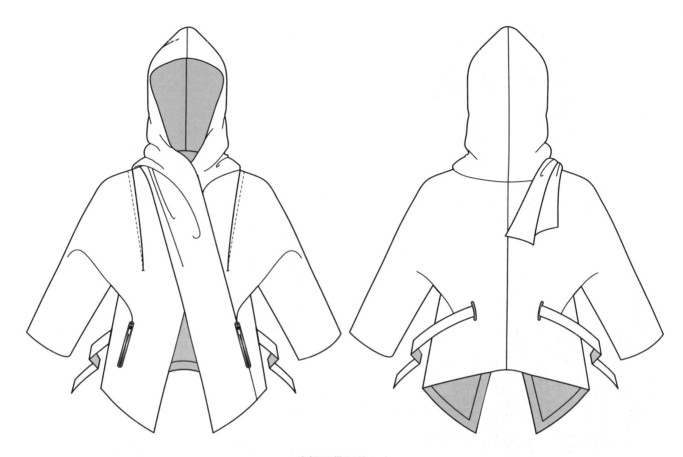

连帽系带短款上衣

立领宽松袖子长款上衣

带帽波浪下摆七分袖长款上衣

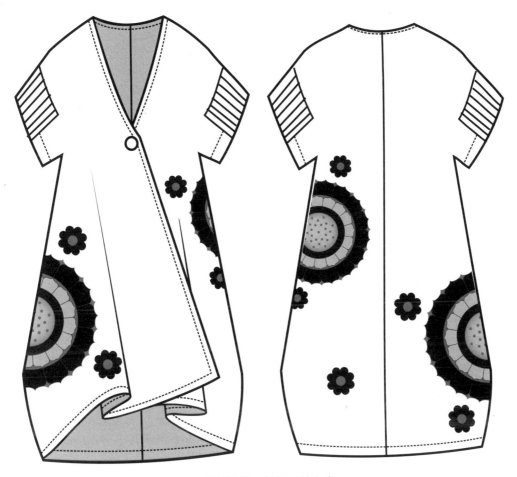

底摆波浪一粒扣短袖上衣

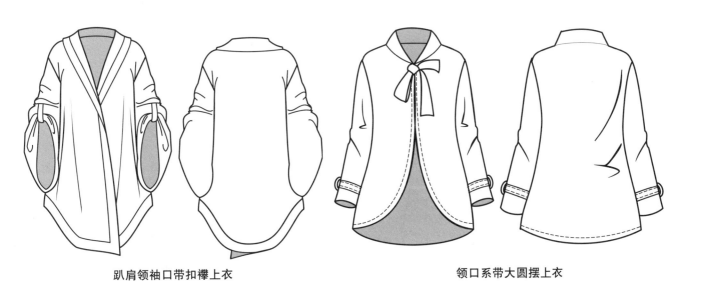

趴肩领袖口带扣襻上衣

领口系带大圆摆上衣

立领门襟加暗扣披风

大翻领上衣

无领斗篷

领子系带罗纹袖口上衣

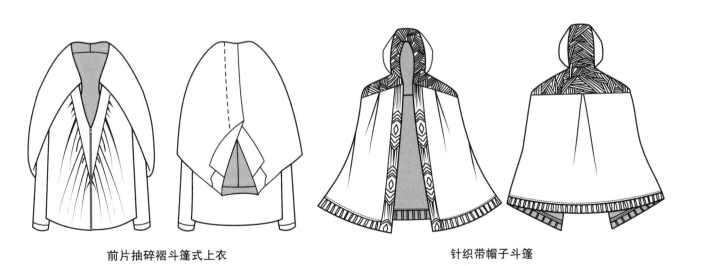

前片抽碎褶斗篷式上衣

针织带帽子斗篷

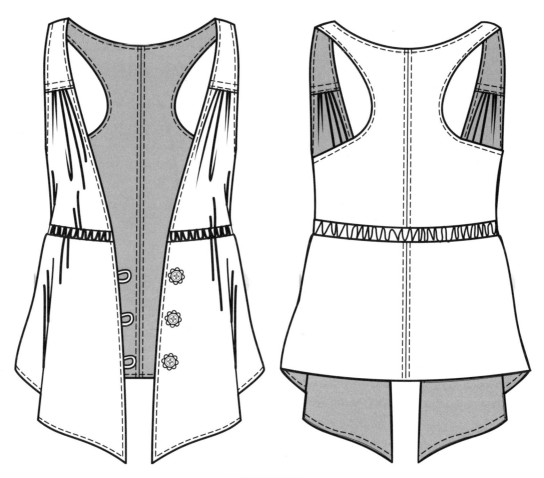

下摆波浪马甲

无领印花斗篷

娃娃领喇叭袖夹克

第三章

款式图设计
（H型）

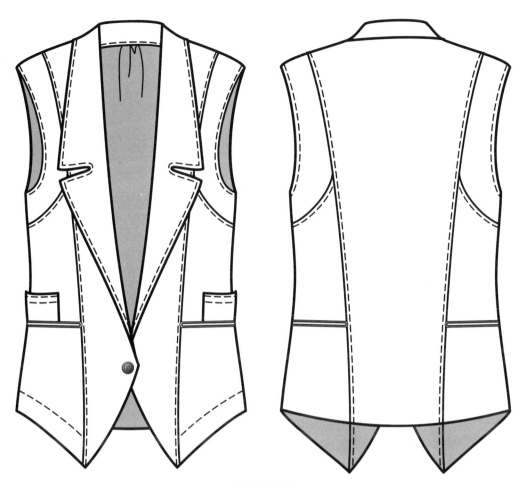

直线分割背心

不对称驳领拉链装饰上衣　　　　　　分割线立领揿扣外套

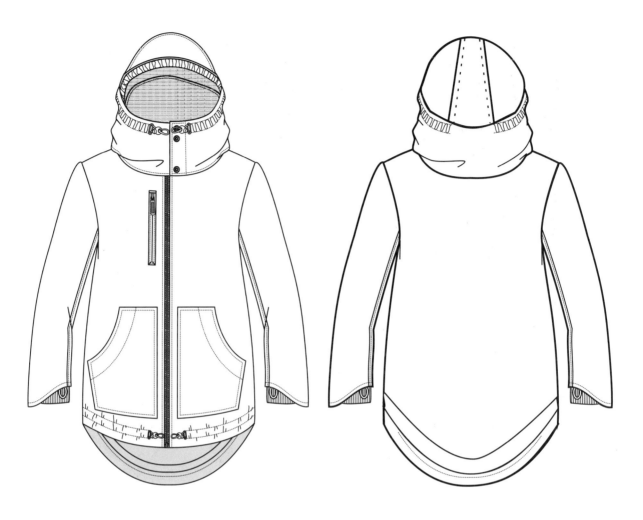

连帽装饰贴袋前短后长外套

运动风格拉链设计上衣　　　　　　　　超短装饰夹克

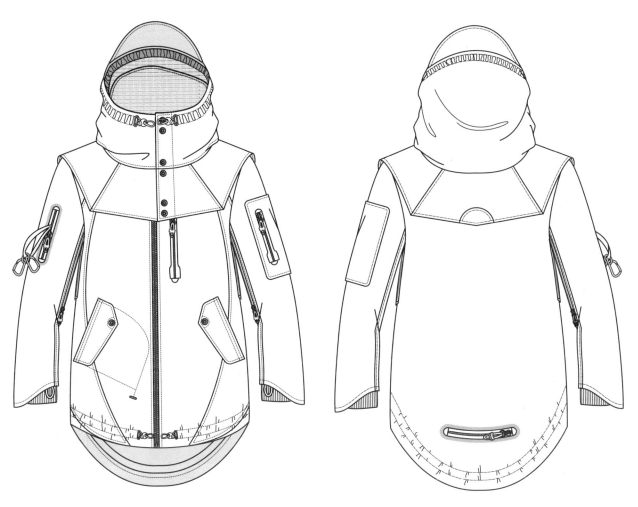

连帽装饰外套

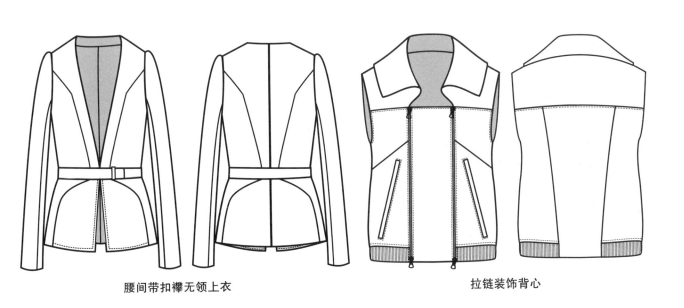

腰间带扣襻无领上衣

拉链装饰背心

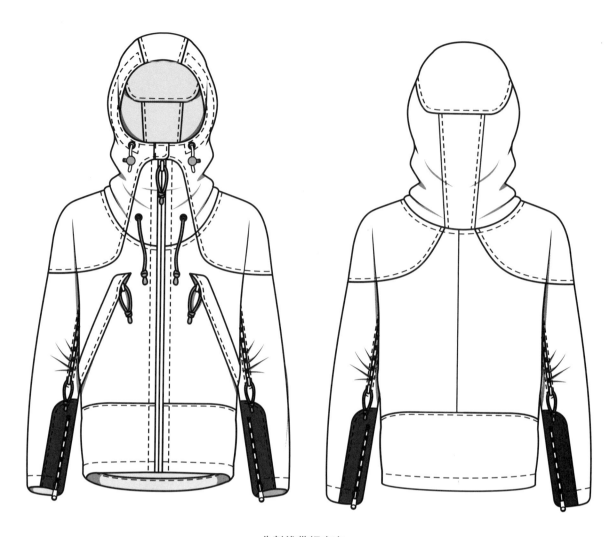

分割线带帽夹克

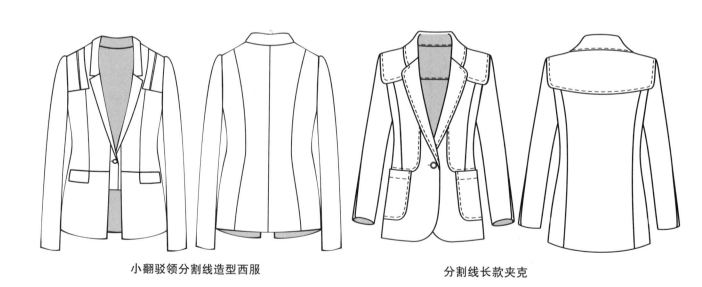

小翻驳领分割线造型西服

分割线长款夹克

拼接带帽棉衣

面料层叠拉链女装　　　　　　　　　　无领胸袋休闲外套

机车背心

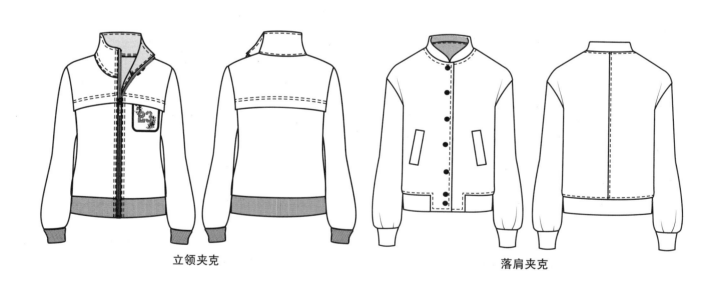

立领夹克

落肩夹克

分割压线夹克

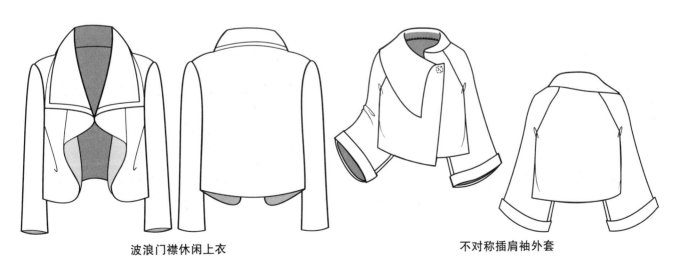

波浪门襟休闲上衣

不对称插肩袖外套

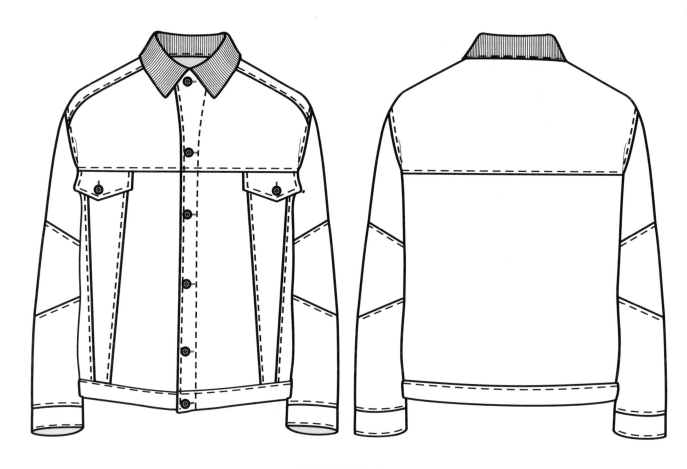

分割压线装饰夹克

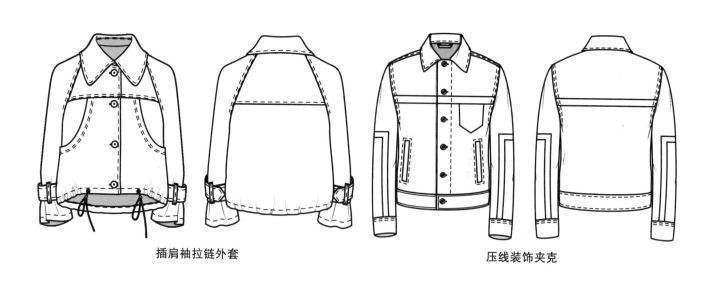

插肩袖拉链外套

压线装饰夹克

分割压线装饰立领夹克

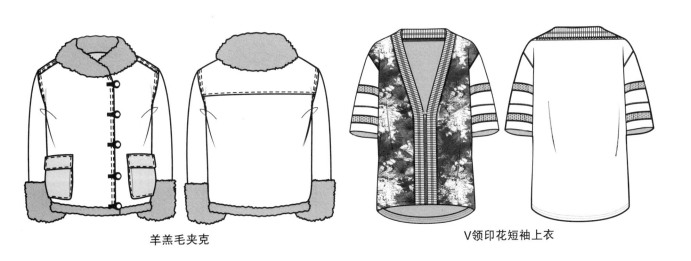

羊羔毛夹克

V领印花短袖上衣

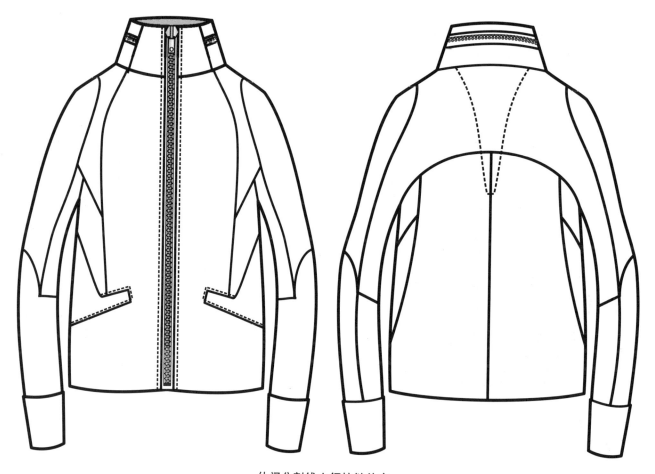

休闲分割线立领拉链外套

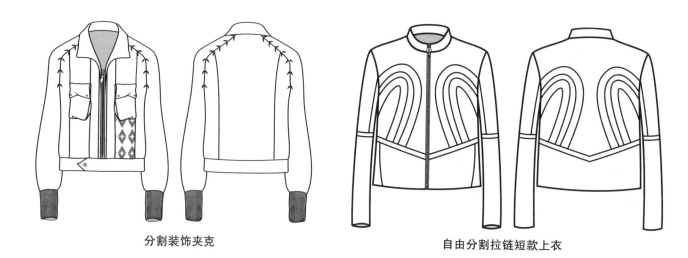

分割装饰夹克

自由分割拉链短款上衣

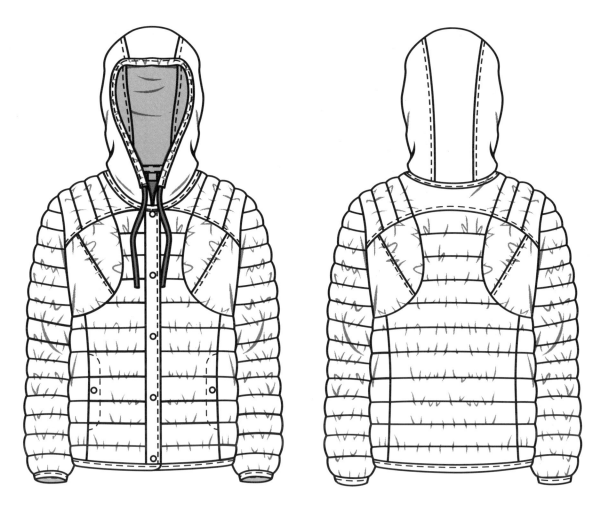

压线装饰夹克

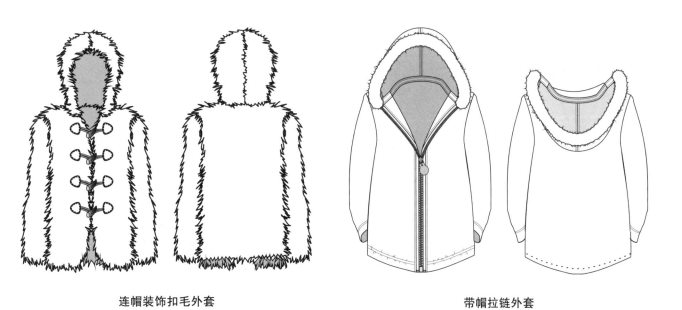

连帽装饰扣毛外套

带帽拉链外套

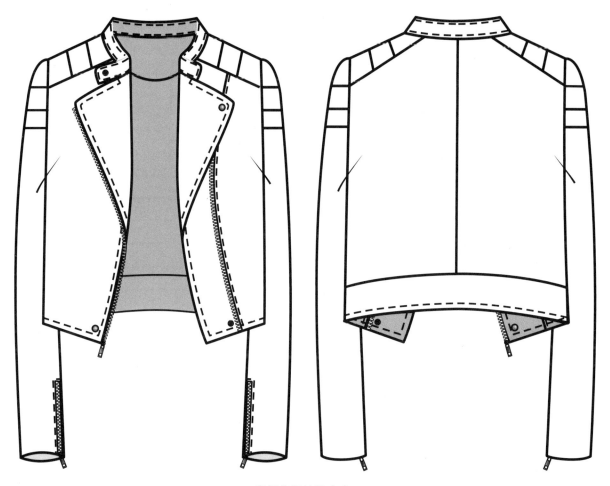

肩部分割拉链夹克

U型领短袖

分割断腰夹克

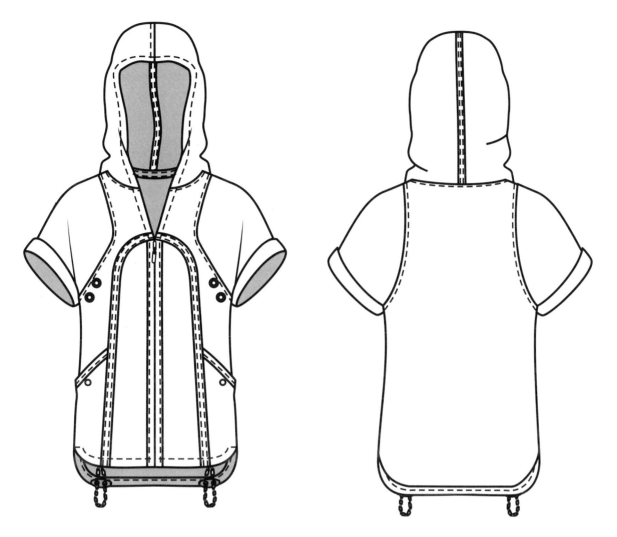

带帽子分割线夹克

分割线连衣领夹克

蝴蝶结装饰短夹克

罗纹收口设计上衣

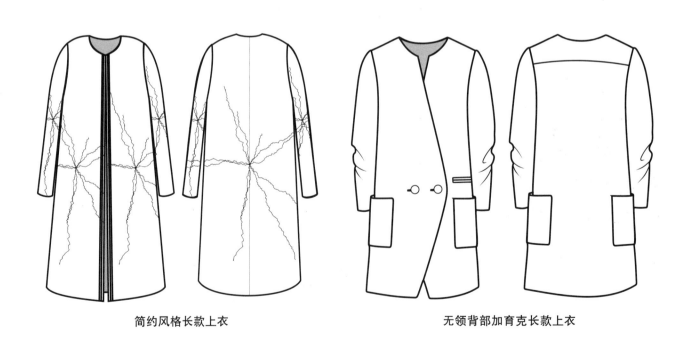

简约风格长款上衣   无领背部加育克长款上衣

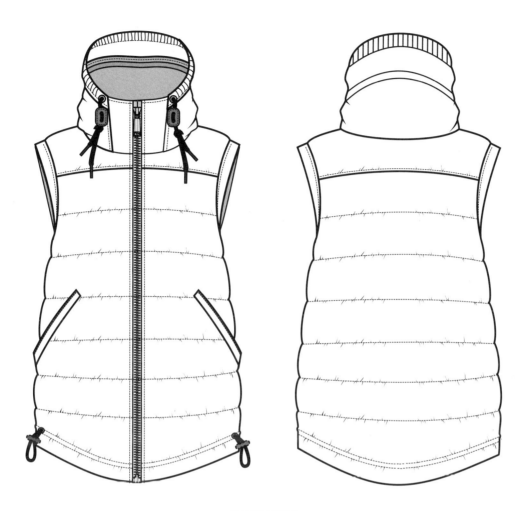

盖肩羽绒背心

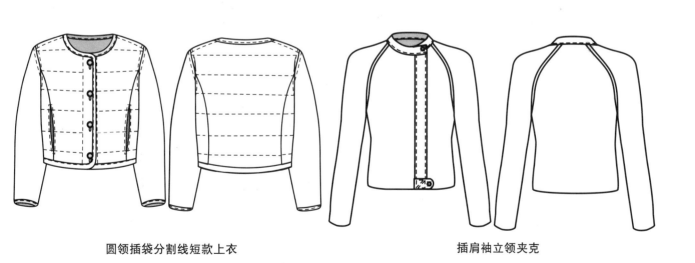

圆领插袋分割线短款上衣

插肩袖立领夹克

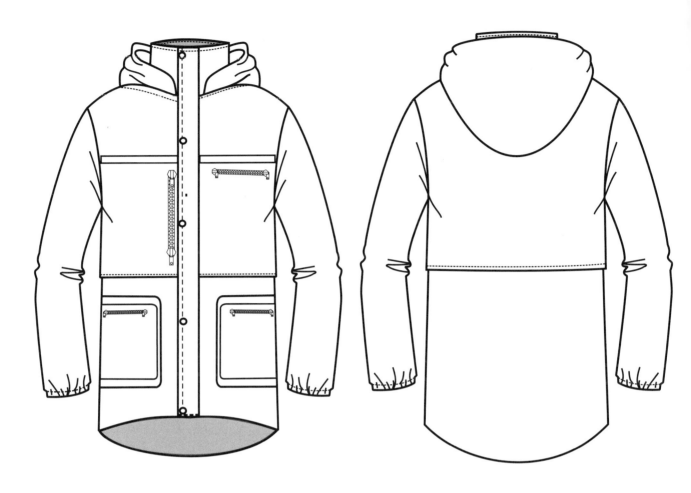

带帽横向分割长上衣

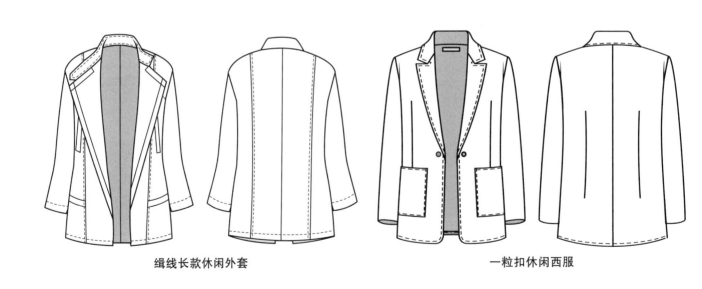

缉线长款休闲外套

一粒扣休闲西服

毛领装饰扣短款上衣

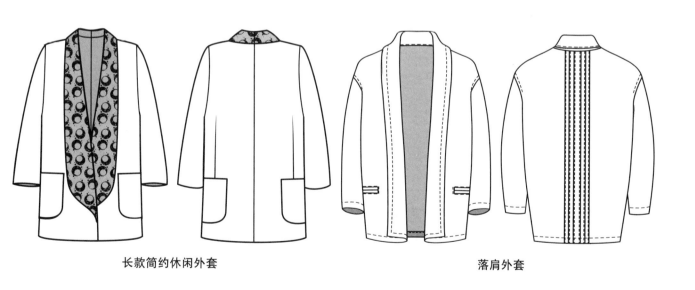

长款简约休闲外套

落肩外套

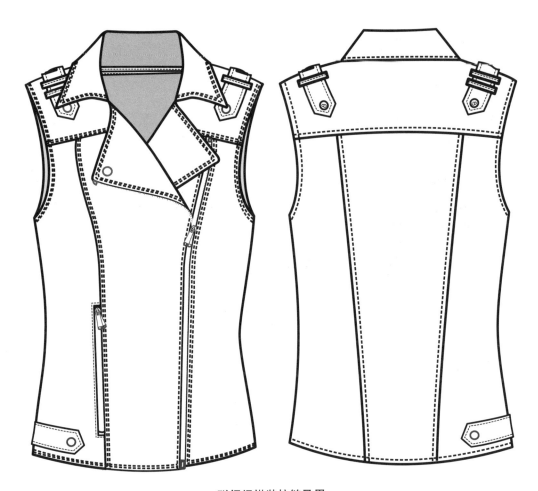

驳领门襟装拉链马甲

V领七分袖上衣

口袋装饰上衣

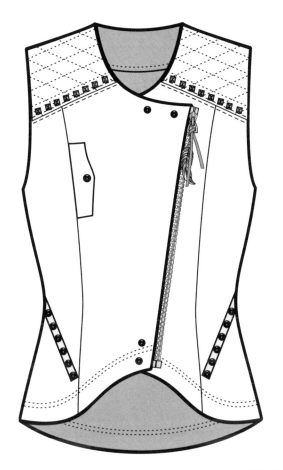
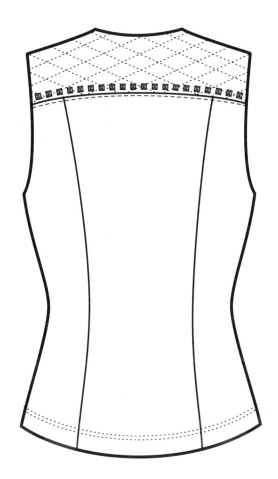

V领印花短袖上衣

口袋装饰夹克

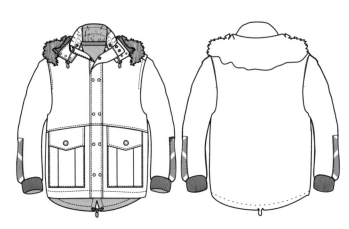

口袋装饰夹克

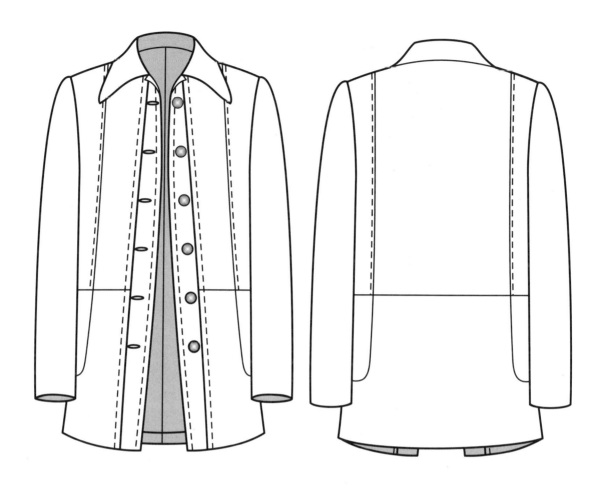

休闲风格上衣

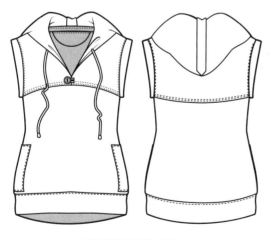

带帽运动风格马甲

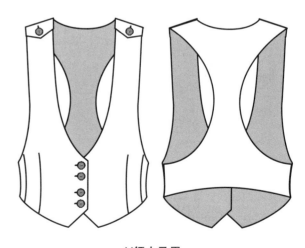

V领小马甲

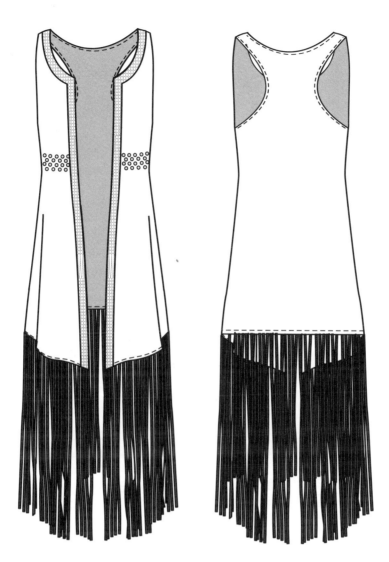

长款流苏背心

立领装饰象牙扣上衣

半插肩圆弧下摆外套

衬衫领休闲风格夹克

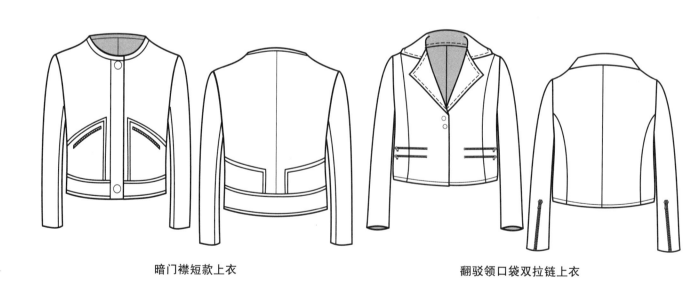

暗门襟短款上衣

翻驳领口袋双拉链上衣

衬衫领不对称设计束腰造型上衣

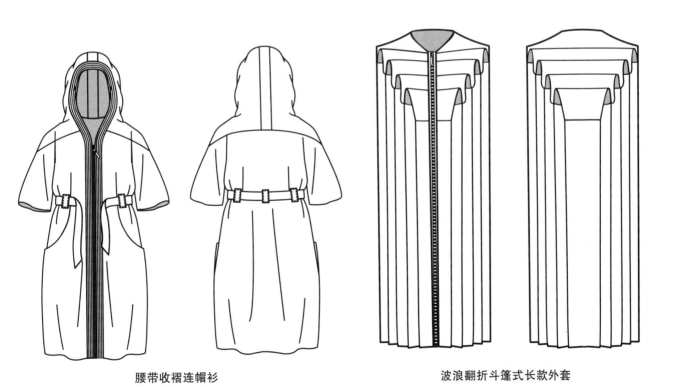

腰带收褶连帽衫

波浪翻折斗篷式长款外套

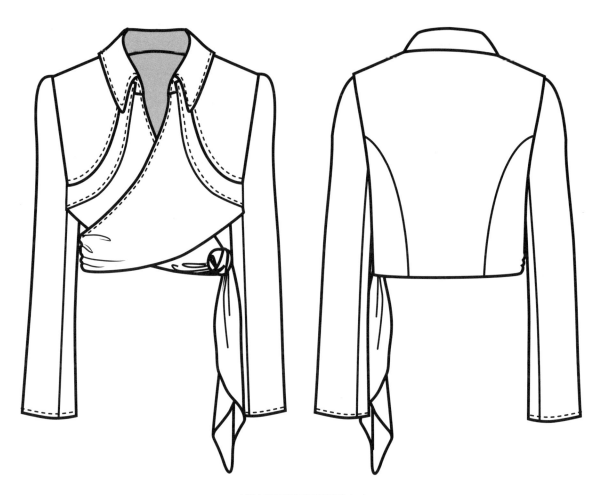

衬衫领底摆系带短款上衣

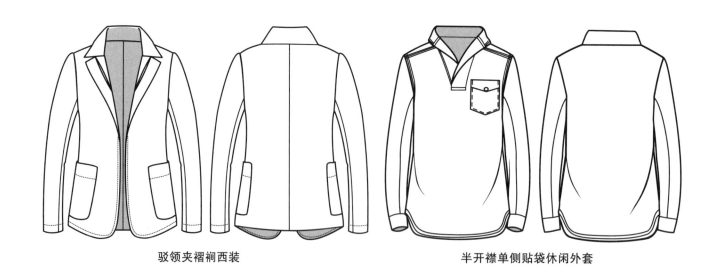

驳领夹褶裥西装

半开襟单侧贴袋休闲外套

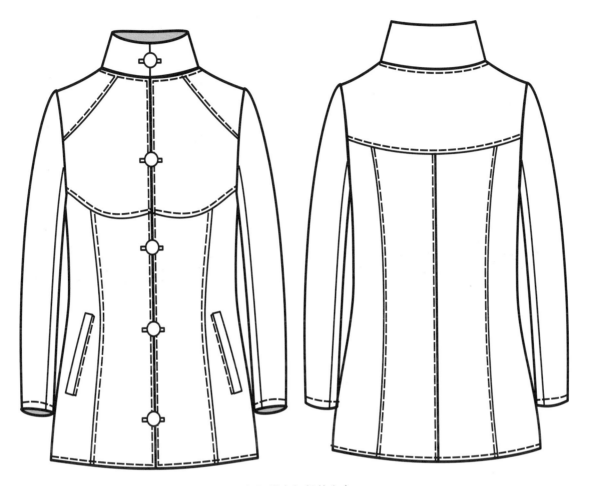

立领门襟盘扣长款上衣

变化青果领收袖口短款上衣

牛仔马甲

翻驳领门襟双排扣长款上衣

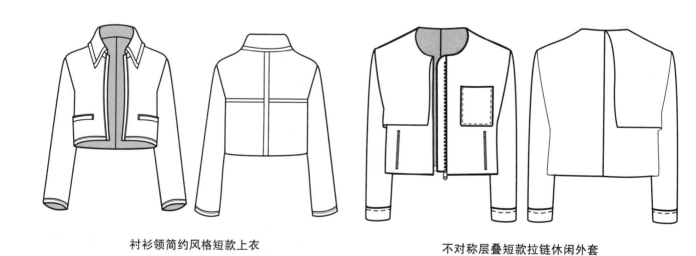

衬衫领简约风格短款上衣　　　　　　不对称层叠短款拉链休闲外套

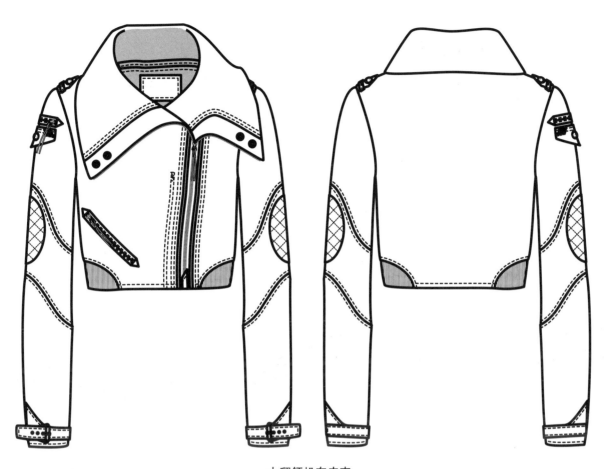

大翻领机车夹克

衬衫领双排扣夹克　　　　　　　　　　不对称翻领插肩袖上衣

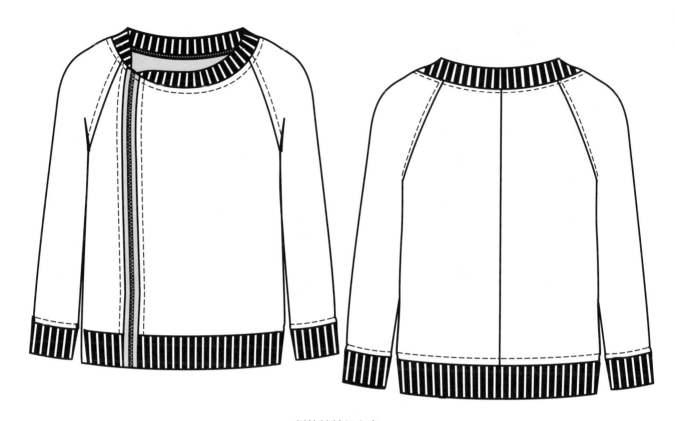

侧拉链针织上衣

连衣领外套   抽绳宽领夹克

底摆系带短款休闲小外套

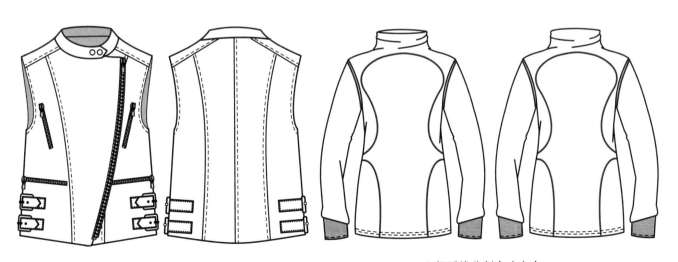

不对称拉链马甲

立领弧线分割套头上衣

肩襻分割夹克

棒球服   衬衫领门襟加暗拉链上衣

带帽缉明线装饰上衣

大翻领大口袋装饰上衣

衬衫领休闲长款上衣

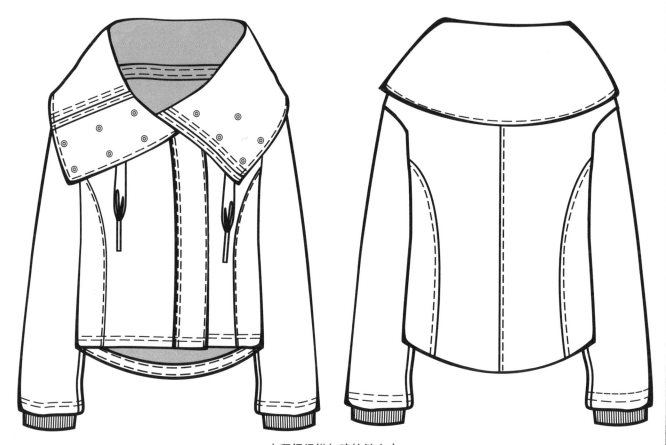

大翻领门襟加暗拉链上衣

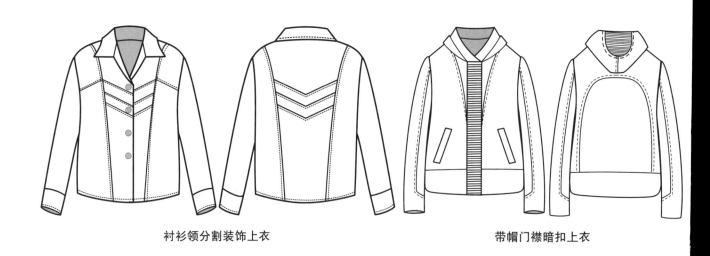

衬衫领分割装饰上衣　　　　　　　　带帽门襟暗扣上衣

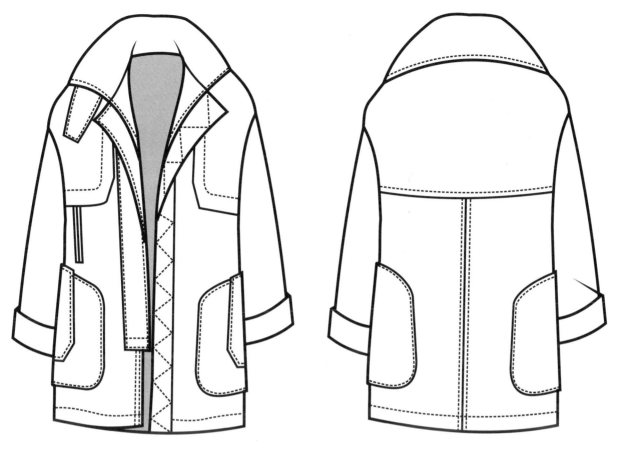

大翻领袖口外翻长款上衣

带帽不对称门襟短款上衣

带帽衣摆抽褶马甲

堆帽领折线分割宽罗纹底摆上衣

无领装饰夹克

大V领上衣

大口袋装饰短款夹克

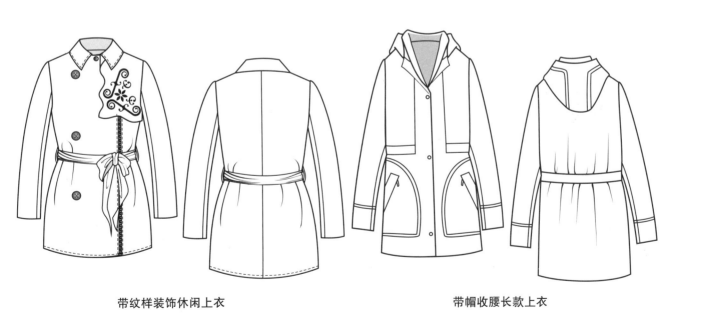

带纹样装饰休闲上衣　　　　　　　　带帽收腰长款上衣

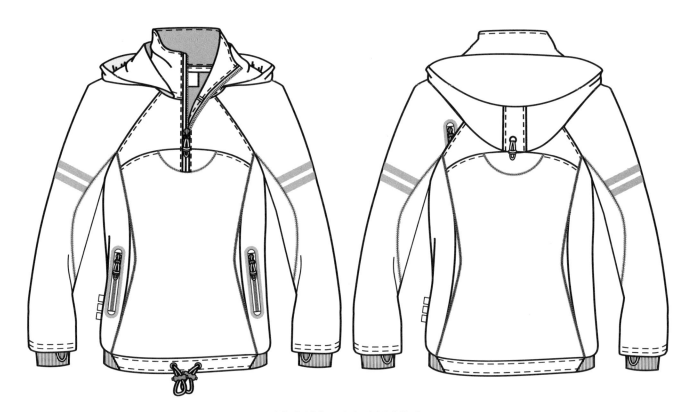

对称分割收口立领连帽冲锋衣

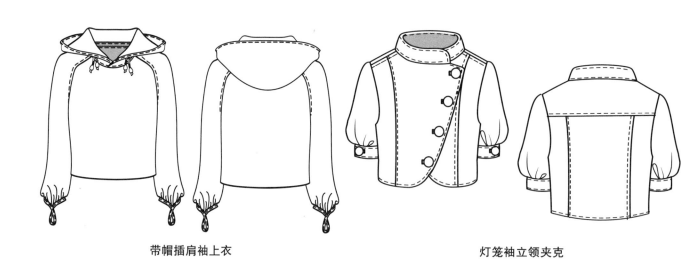

带帽插肩袖上衣

灯笼袖立领夹克

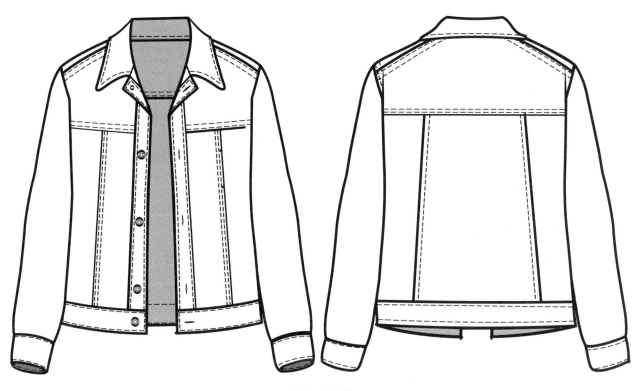

衬衫式夹克

翻驳领中长款西服

翻驳领大口袋职业装

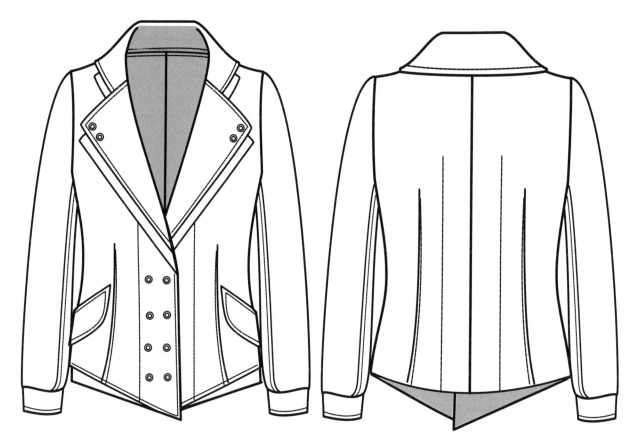

翻驳领门襟带纽扣上衣

翻驳领胸前口袋装饰上衣　　　　　翻驳领收腰马甲

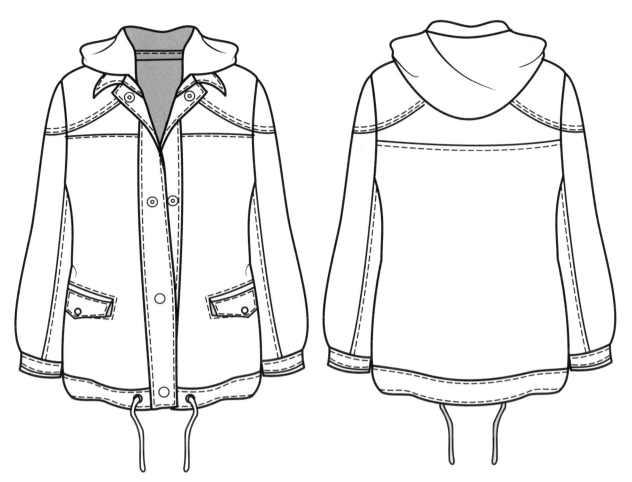

带帽收袖口上衣

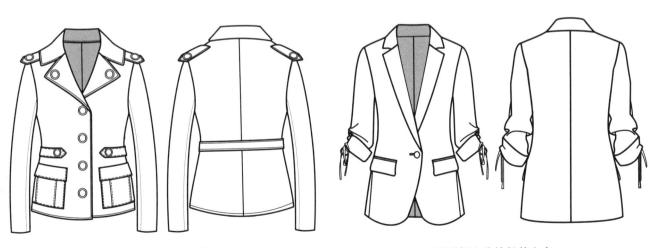

翻驳领肩部腰部有扣襻上衣

翻驳领七分袖长款上衣

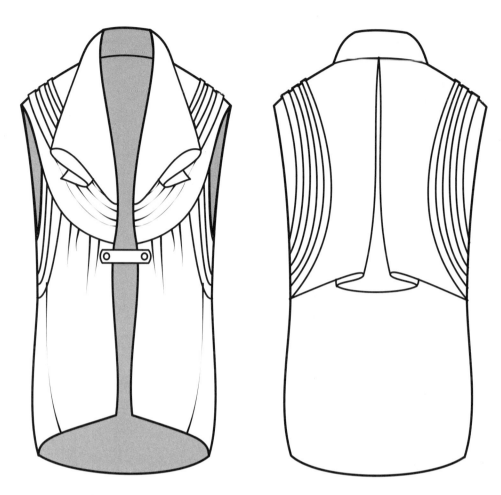

层叠大翻领长款无袖上衣

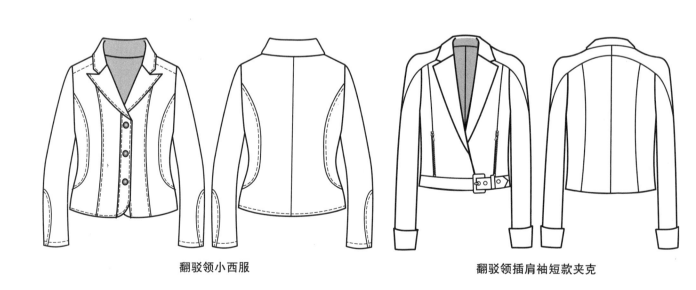

翻驳领小西服

翻驳领插肩袖短款夹克

翻驳领无袖上衣

翻驳领短款上衣　　　　　　翻驳领弧线分割短款上衣

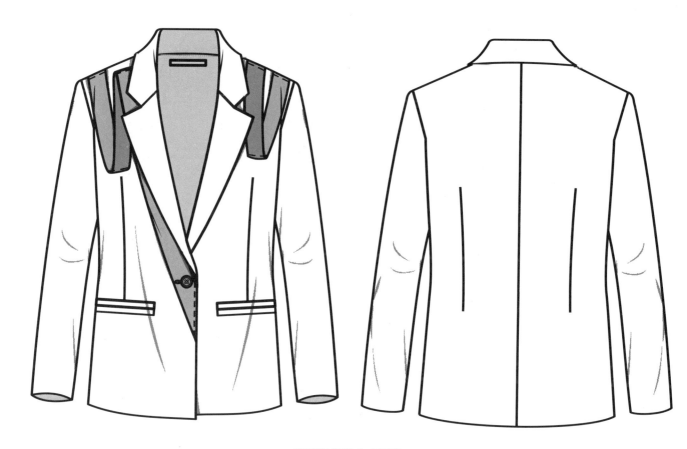

翻驳领拼接收省西装

翻领拉链门襟上衣　　　　　翻驳领后中开衩短款上衣

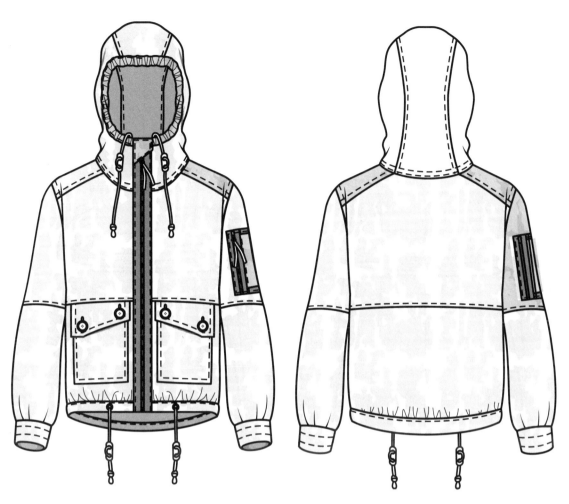

连帽分割拼接压线休闲夹克

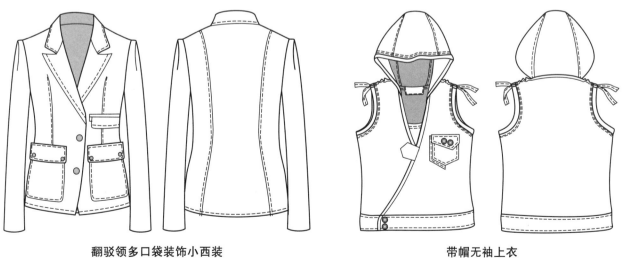

翻驳领多口袋装饰小西装

带帽无袖上衣

翻驳领束腰上衣

翻驳领下摆带扣襻上衣　　　　　　翻驳领双排扣短款上衣

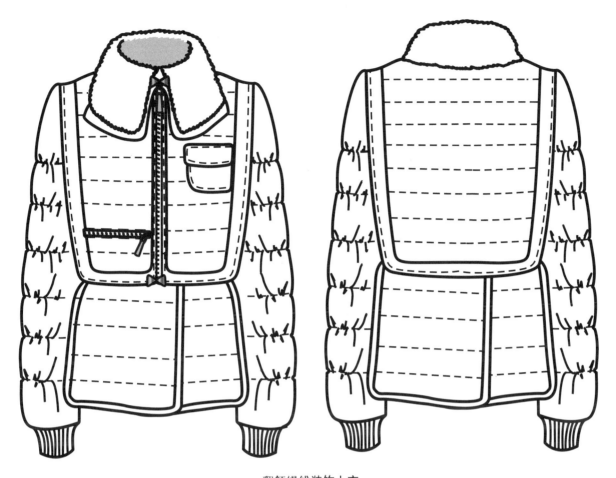

翻领缉线装饰上衣

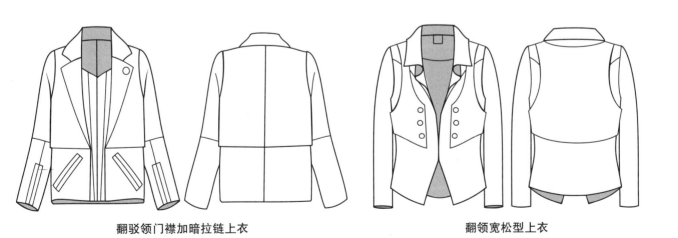

翻驳领门襟加暗拉链上衣　　　　　　翻领宽松型上衣

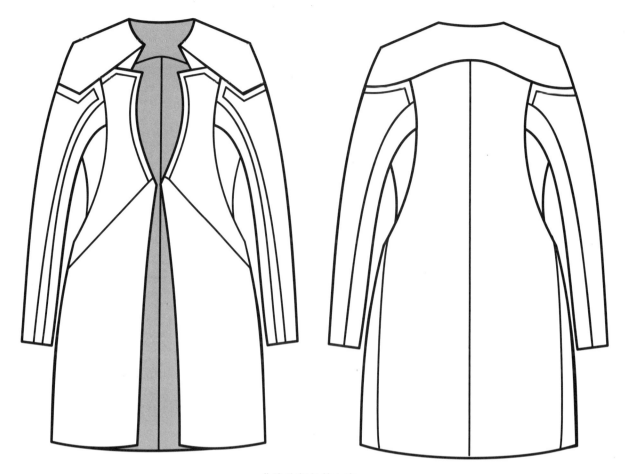

曲线分割长款上衣

翻领下摆带扣襻装饰上衣

翻驳领双排扣短夹克

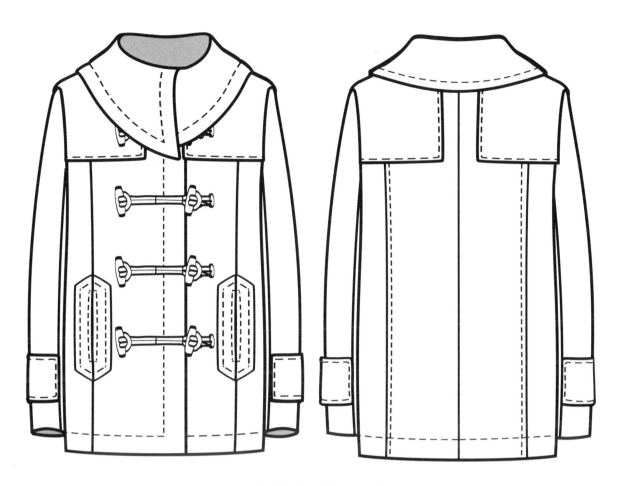

分割缉线牛角扣休闲呢外套

分割线贴袋层叠短款外套   翻驳领自由分割短款上衣

翻领不对称门襟长款上衣

翻领胸部加扣襻装饰上衣　　　　　翻领拉链夹克

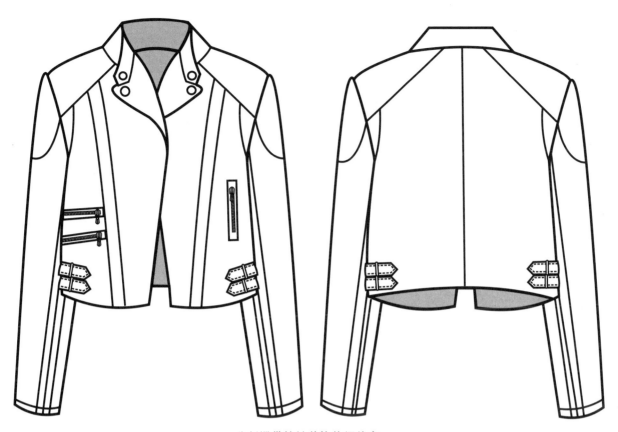

分割襻带拉链装饰休闲外套

翻领拉链门襟上衣

翻领腰部系蝴蝶结上衣

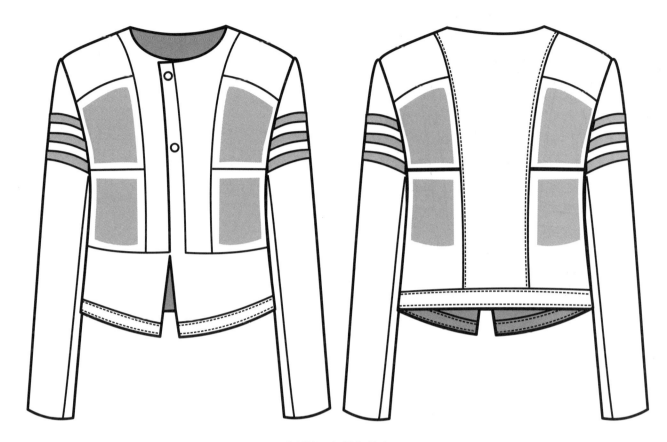

分割线无领揿扣外套

抽褶口袋立领外套　　　　　　　　翻驳领衣身分割线装饰上衣

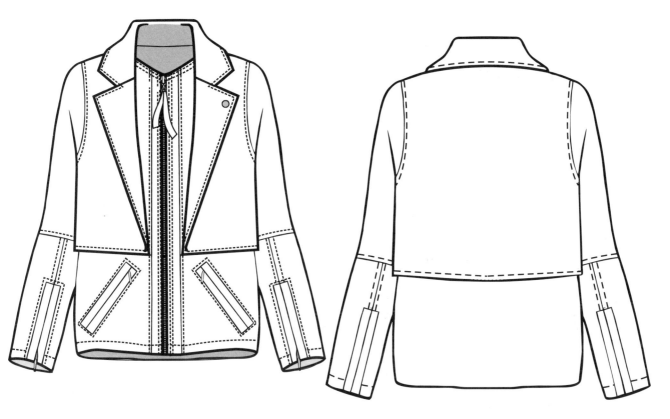

拉链装饰层叠休闲外套

夹克底摆纵向分割上衣   立领拉链短款休闲上衣

高立领不对称门襟长款上衣

缉分割线扣带设计女西装

翻驳领衣摆扣襻装饰上衣

立领口袋加拉链马甲

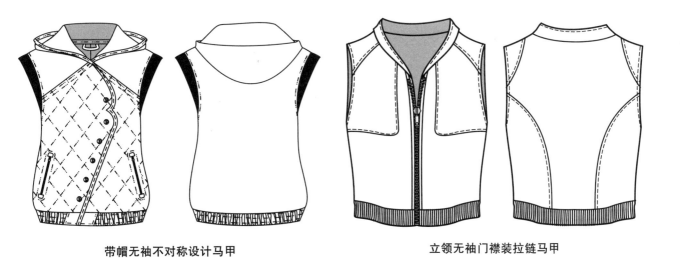

带帽无袖不对称设计马甲　　　　　　　立领无袖门襟装拉链马甲

立领门襟加拉链上衣

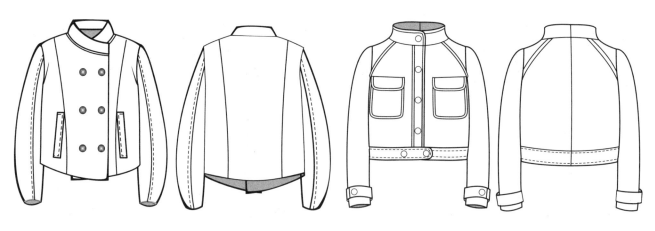

立领收袖口双排扣上衣   立领袖口带扣襻短款上衣

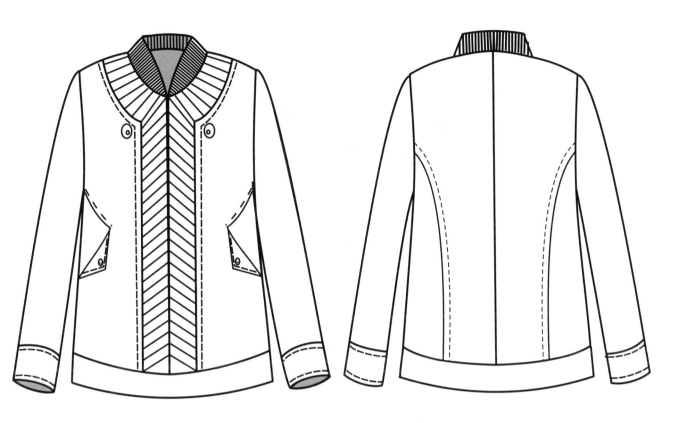

对襟棒球领上衣

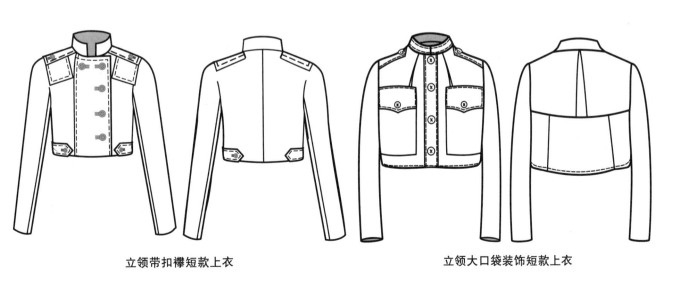

立领带扣襻短款上衣

立领大口袋装饰短款上衣

立领拉链设计上衣

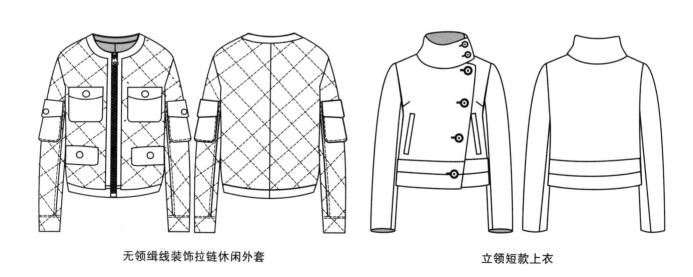

无领缉线装饰拉链休闲外套

立领短款上衣

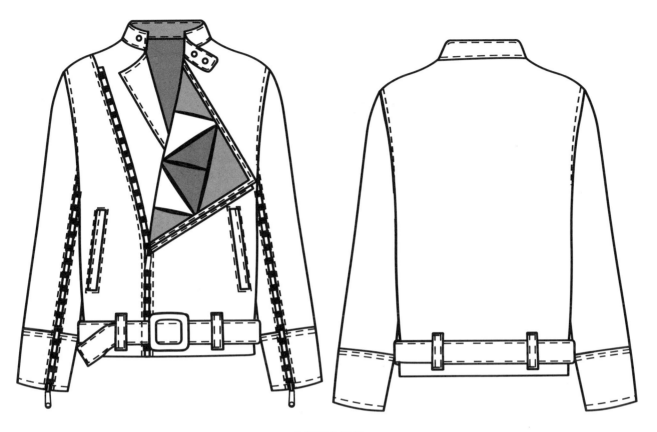

立领机车马甲

立领带扣襻装饰上衣　　　　　　　　　　拼接休闲运动背心

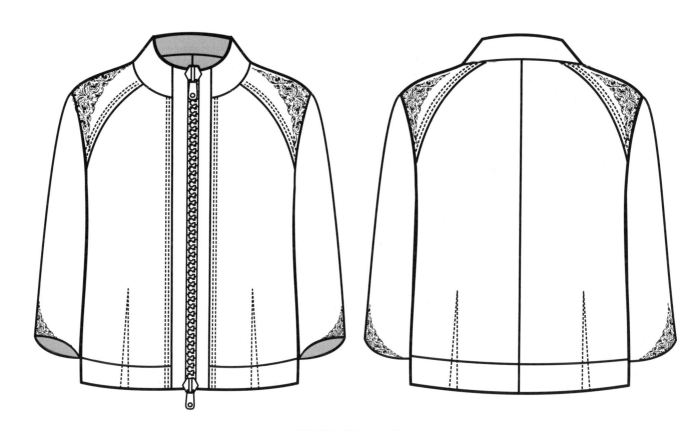

立领门襟加拉链七分袖上衣

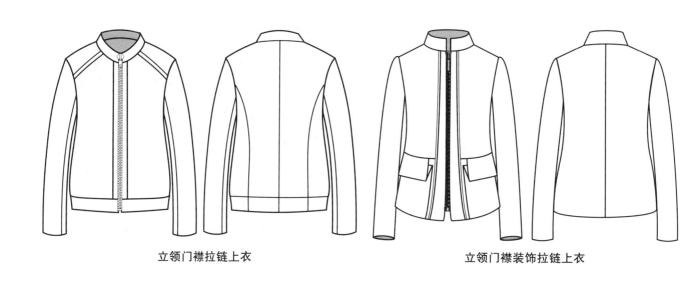

立领门襟拉链上衣   立领门襟装饰拉链上衣

立领后背加育克上衣

阔袖口休闲西装

立领收袖口上衣

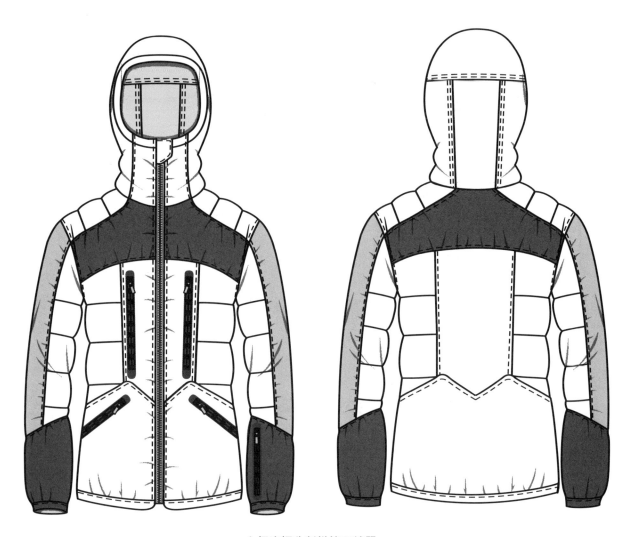

立领连帽分割拼接羽绒服

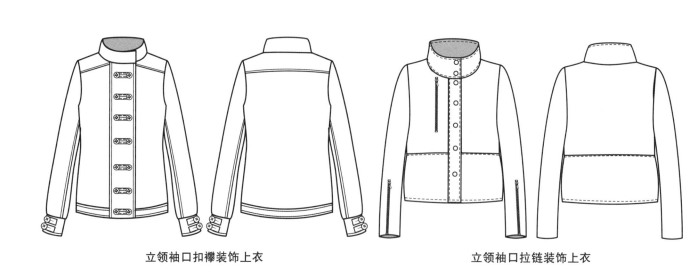

立领袖口扣襻装饰上衣

立领袖口拉链装饰上衣

立领系带收袖口上衣

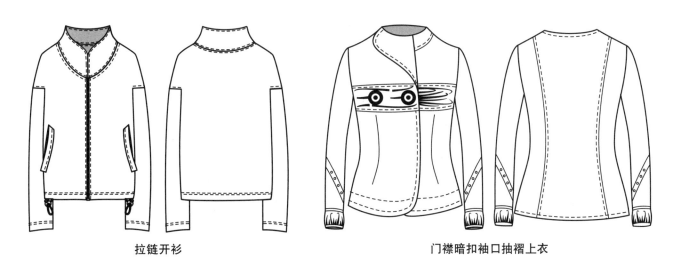

拉链开衫

门襟暗扣袖口抽褶上衣

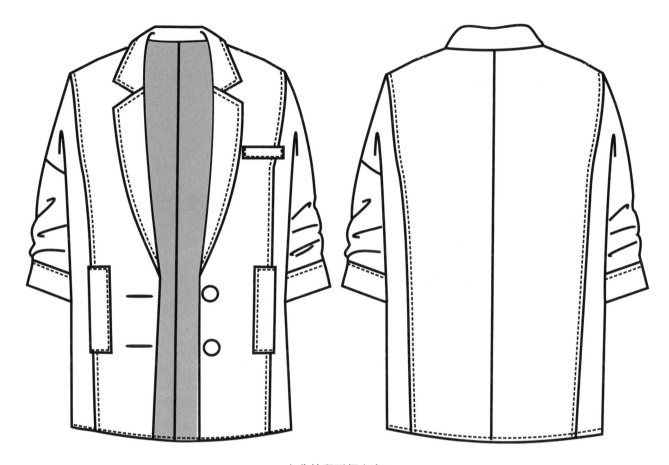

七分袖翻驳领上衣

立领腰部扣襻装饰上衣

连帽短款羽绒服

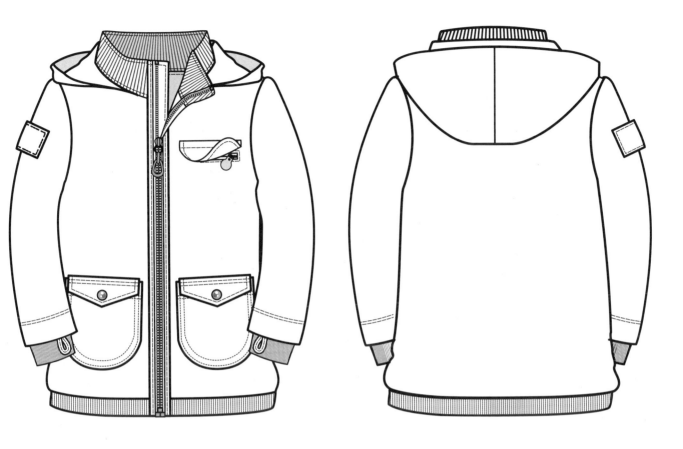

连帽门襟拉链式羽绒服

连衣领机车夹克

领口带褶短款休闲小西装

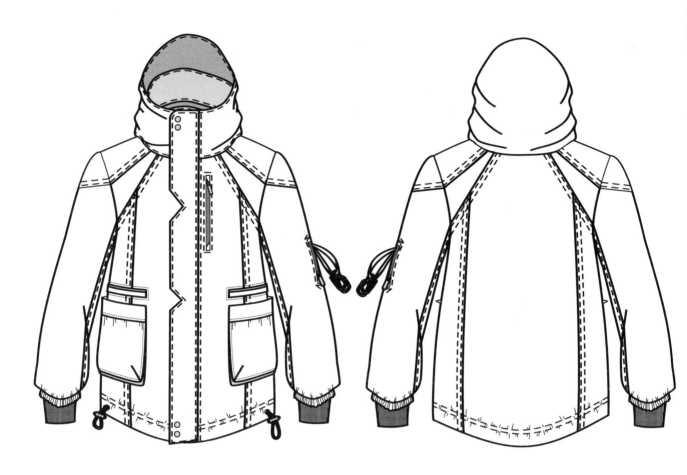

分割压线收紧立领连衣帽运动棉衣

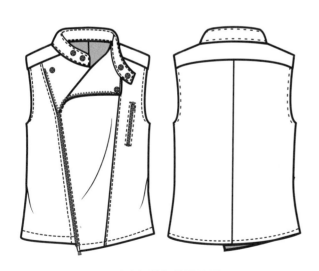

不对称门襟加拉链马甲

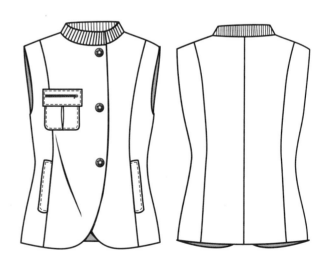

罗纹立领圆弧下摆马甲

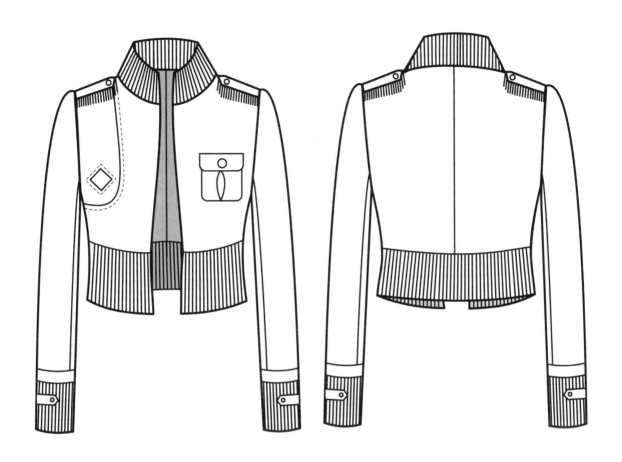

肩头带扣襻罗纹收口短款夹克

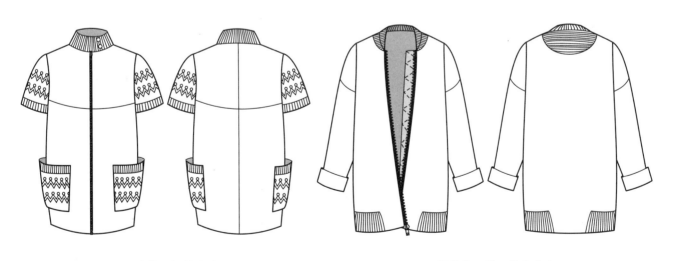

罗纹收口短袖上衣

罗纹收口袖口外翻上衣

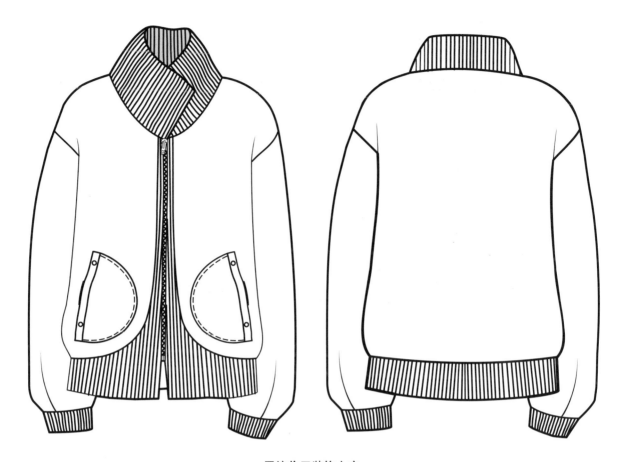

罗纹收口装饰上衣

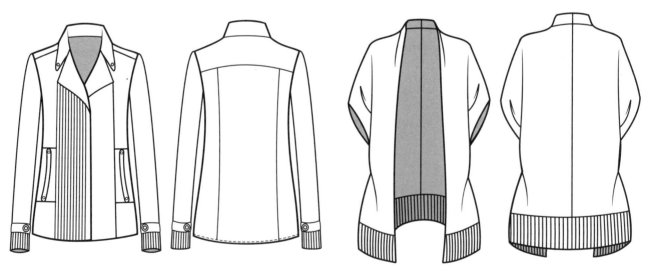

塔克褶装饰上衣   罗纹下摆短袖上衣

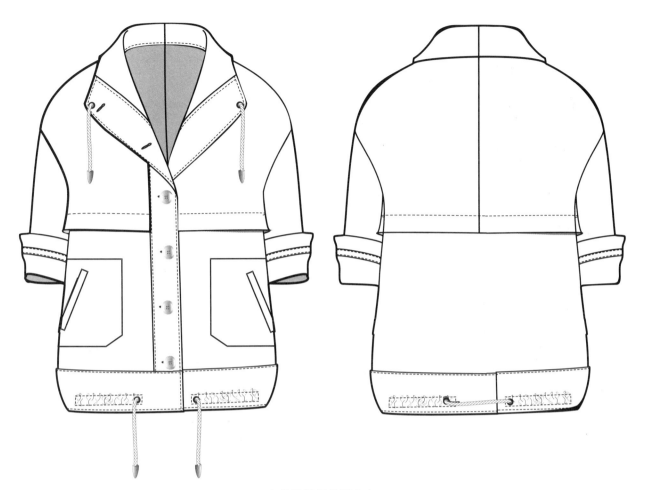

七分袖袖口外翻上衣

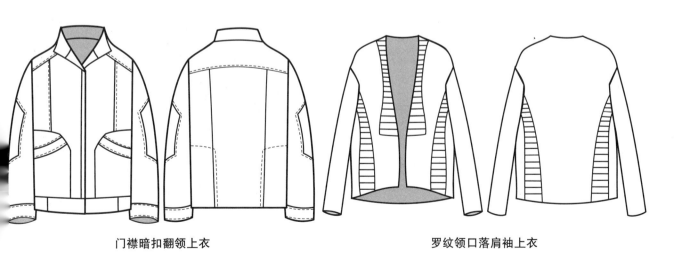

门襟暗扣翻领上衣

罗纹领口落肩袖上衣

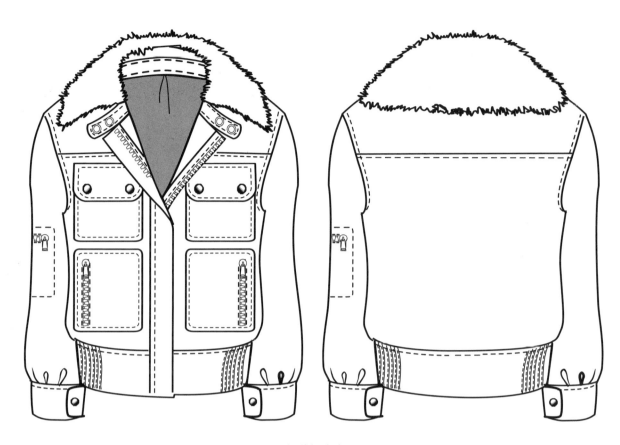

毛领装饰夹克

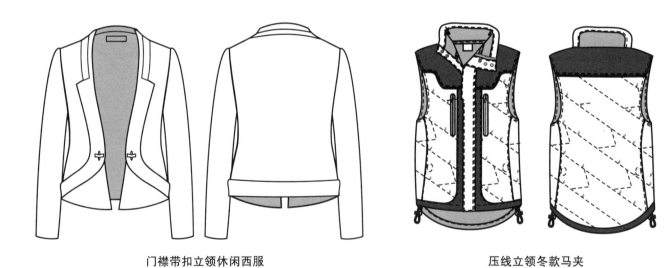

门襟带扣立领休闲西服　　　　　　　　　压线立领冬款马夹

立领腰间系带双排扣长款上衣

内嵌立领罗纹底摆拉链上衣　　　　　　　内嵌立领宽松上衣

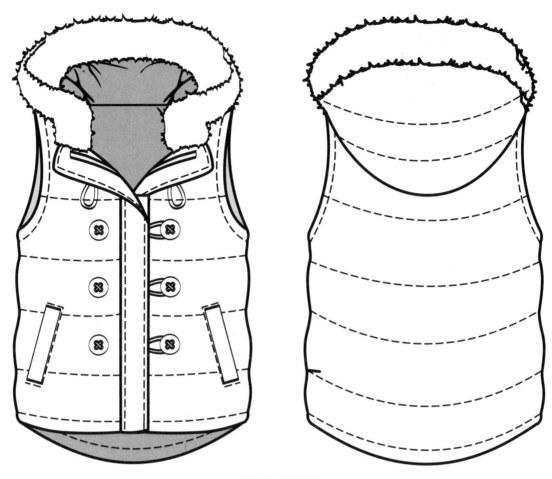

帽子带毛棉马甲

拉链偏门襟短款夹克

青果领弧线分割上衣

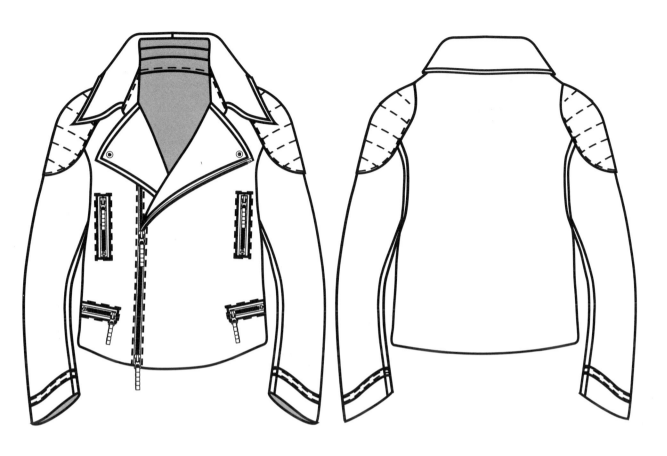

袖口设计机车夹克

七分袖缉线装饰上衣

戗驳领一粒扣上衣

落肩牛仔夹克

青果领长款大衣　　　　　　　　青果领肩部有扣襻中长款上衣

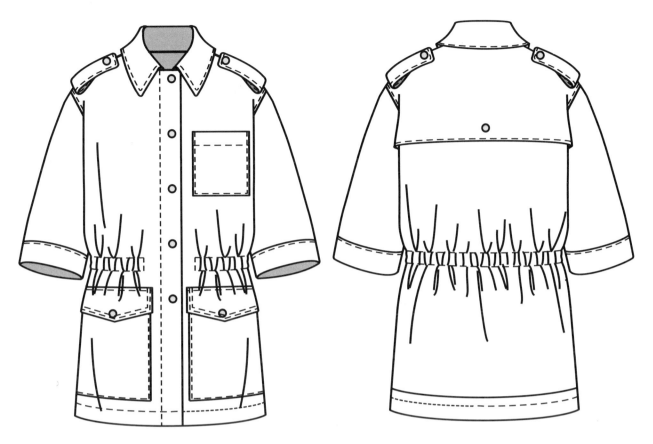

抽褶收腰中袖长款夹克

青果领短款职业装

青果领不对称门襟马甲

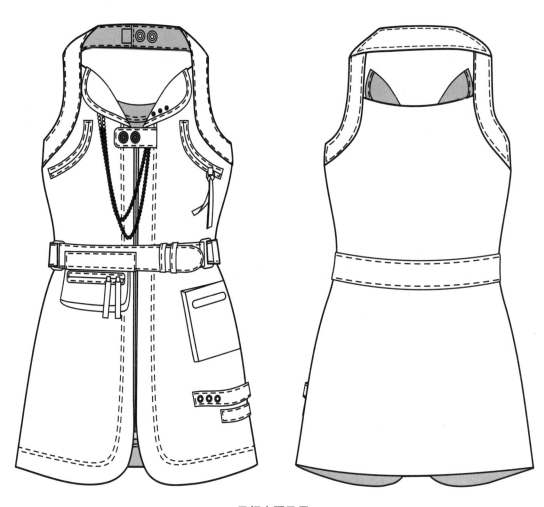

无领束腰马甲

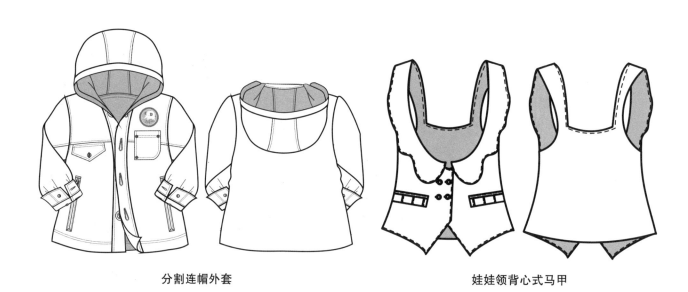

分割连帽外套

娃娃领背心式马甲

无领公主分割上衣

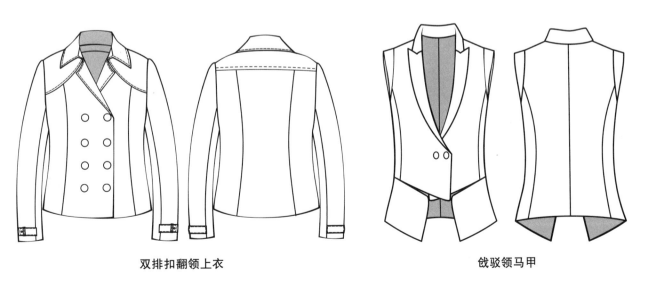

双排扣翻领上衣

戗驳领马甲

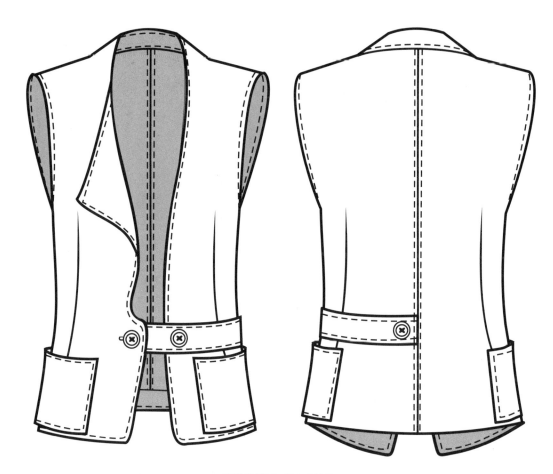

无领门襟加纽扣马甲

无领拼色上衣

无领不对称门襟暗拉链短款上衣

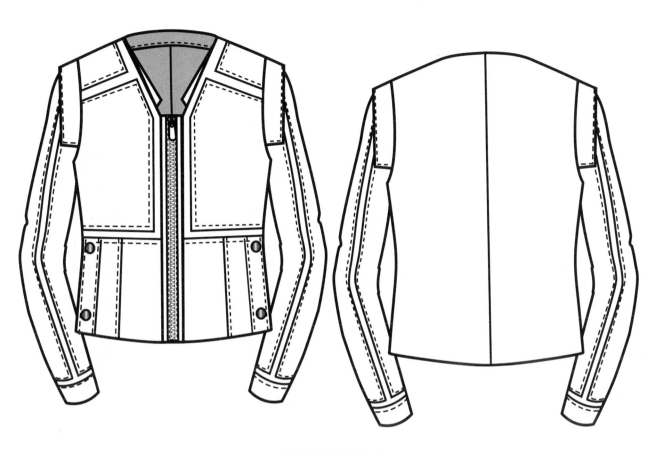

无领门襟装拉链上衣

立领门襟装拉链长款马甲　　　　　　　　　无领加大口袋上衣

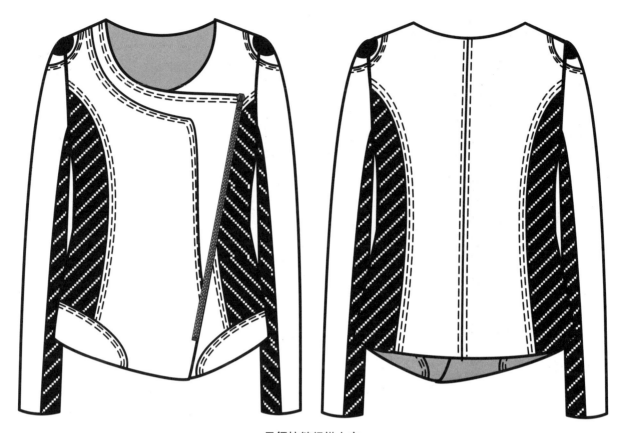

无领拉链门襟上衣

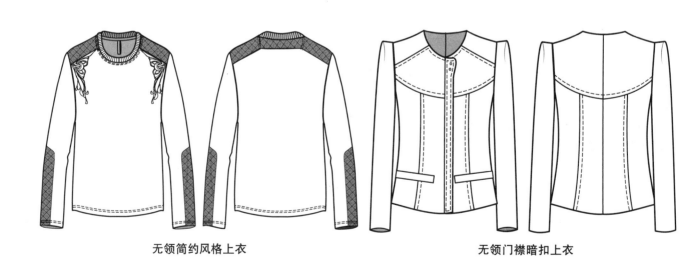

无领简约风格上衣　　　　　　　　无领门襟暗扣上衣

实用性夹克

无领拉链装饰夹克

十字交叉装饰线上衣

无领落肩系带短款上衣

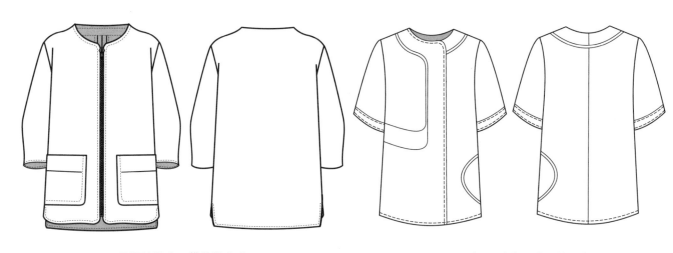

无领拉链大口袋装饰上衣　　　　　　　　无领不对称设计短袖上衣

无领裘皮上衣

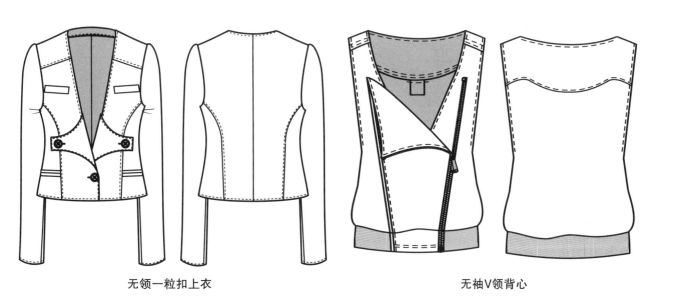

无领一粒扣上衣   无袖V领背心

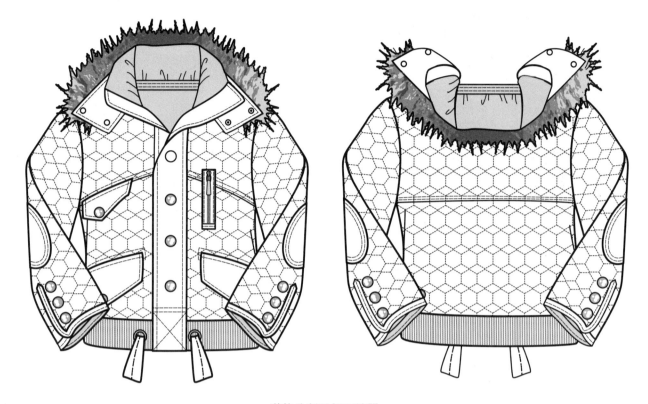

装饰分割毛领羽绒服

无袖圆领夹克   无领缉线装饰短款上衣

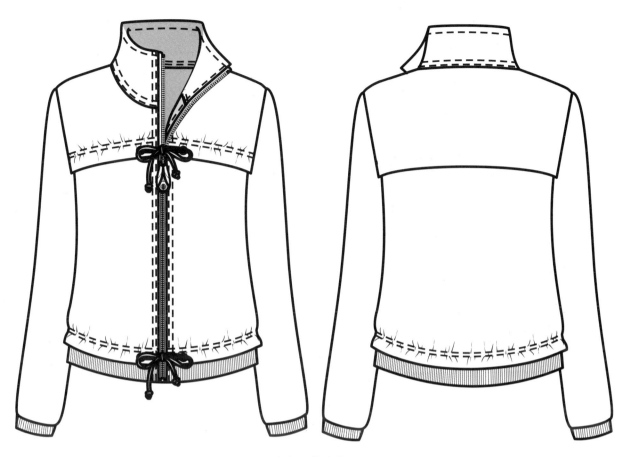

分割系带夹克

针织运动服

休闲衬衫款式夹克

胸前带拉链夹克

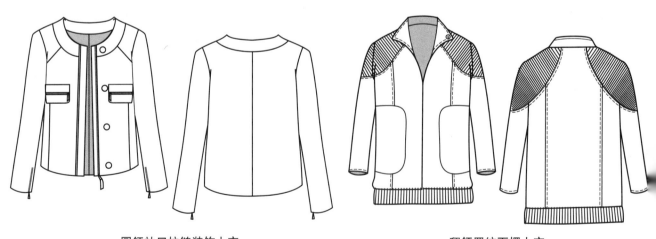

圆领袖口拉链装饰上衣　　　　　　　翻领罗纹下摆上衣

胸前抽碎褶休闲长款上衣

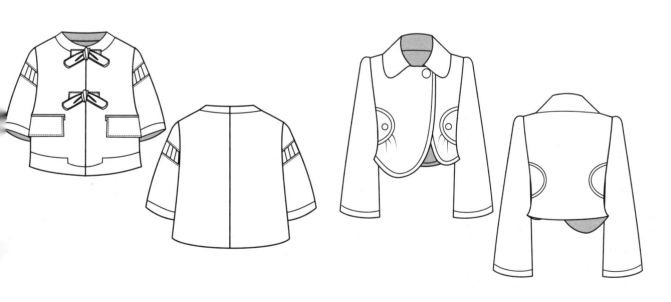

立领门襟系蝴蝶结七分袖上衣

圆翻领口袋抽碎褶一粒扣上衣

褶皱立领收袖口门襟带扣长款上衣

圆领收袖口上衣

圆领牛仔服

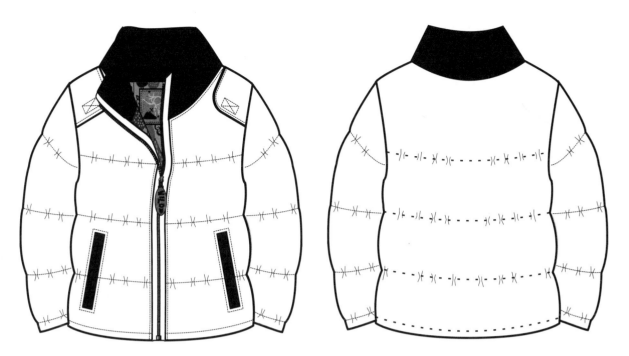

装饰羽绒服

连帽短款层次设计上衣

第四章

款式图设计
（O型）

抽褶立体造型上衣

棒球服夹克

拉链运动风格女上衣

立领运动外套

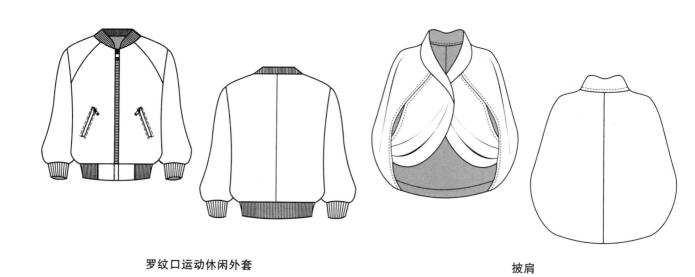

罗纹口运动休闲外套

披肩

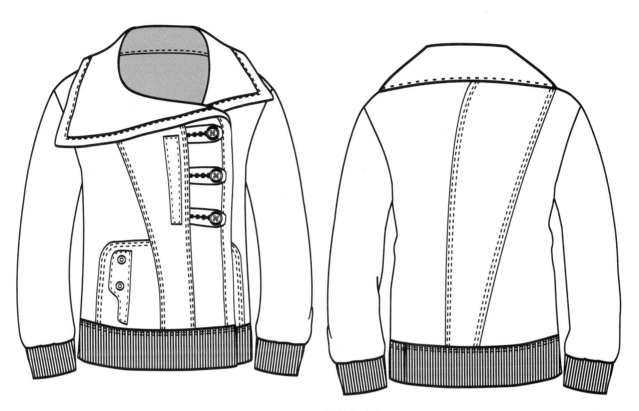

翻领不对称门襟休闲夹克

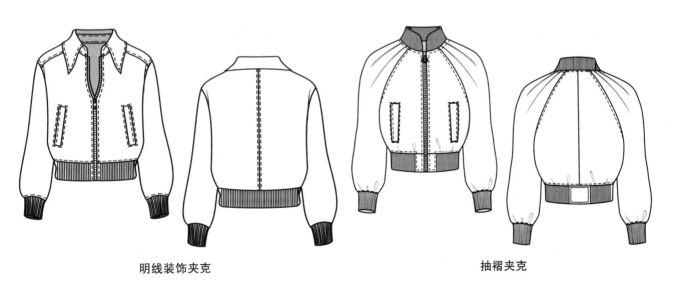

明线装饰夹克

抽褶夹克

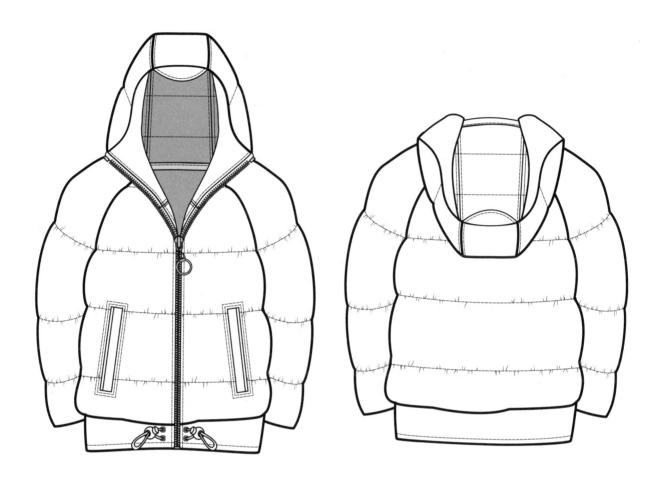

带帽羽绒服

印花宽松运动休闲外套

分割线立领夹克

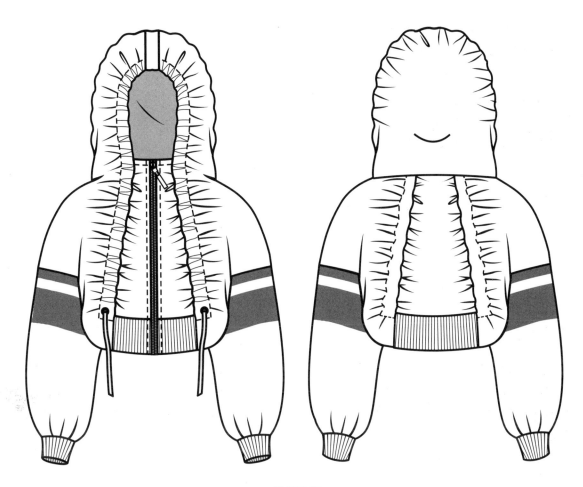

抽褶夹克

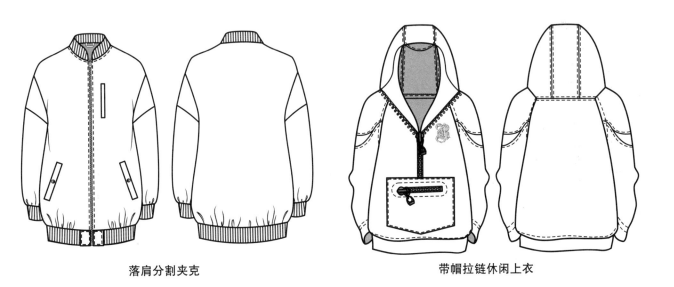

落肩分割夹克　　　　　　　　　　带帽拉链休闲上衣

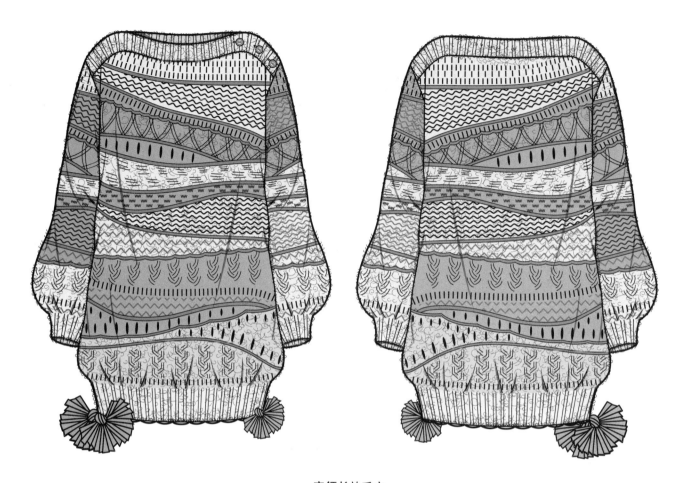

一字领长袖毛衣

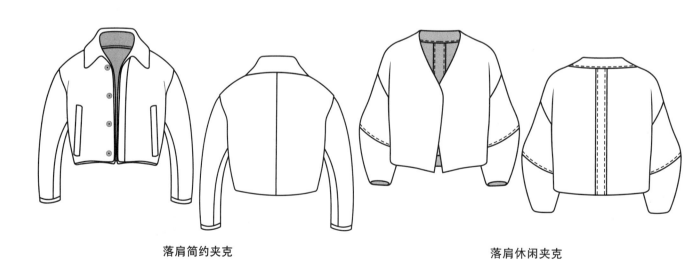

落肩简约夹克　　　　　　　　　　落肩休闲夹克

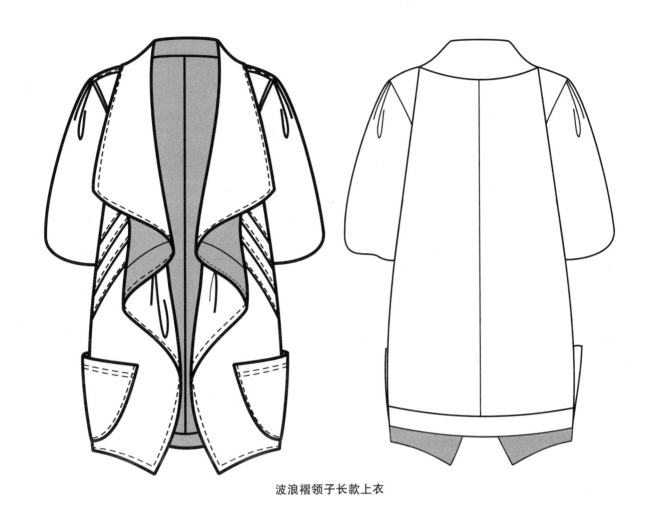

波浪褶领子长款上衣

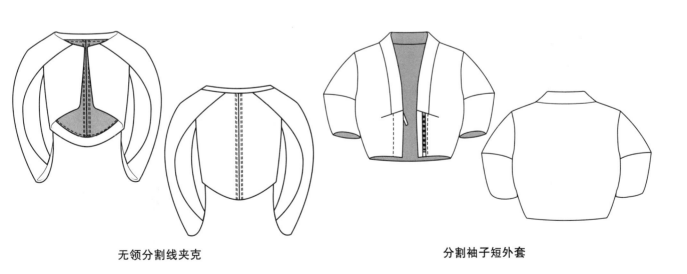

无领分割线夹克

分割袖子短外套

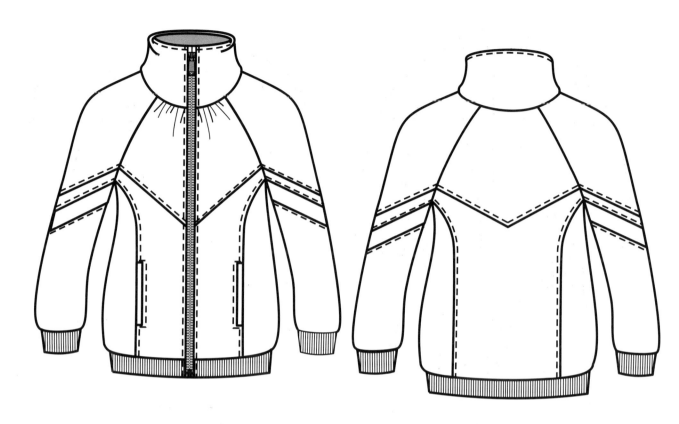

分割压线立领夹克

翻领分割短大衣　　　　　　　　　立领拉链罗纹收口上衣

分割羽绒服

收腰底摆抽褶装饰立领外套

立领门襟暗扣外套

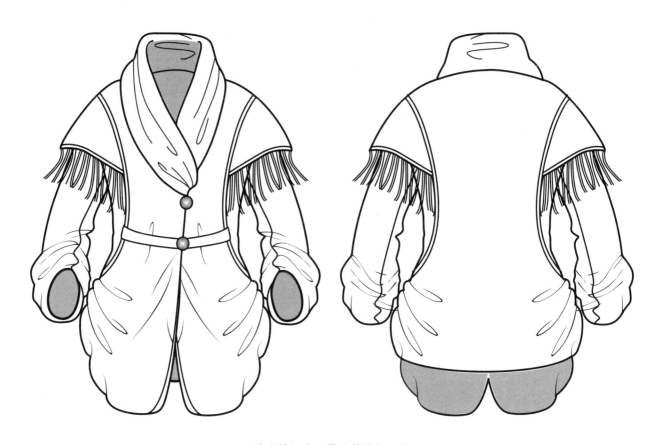

收腰抽褶大口袋流苏装饰上衣

抽褶夹克　　　　　　　　　　　衬衫领袖山头抽褶夹克

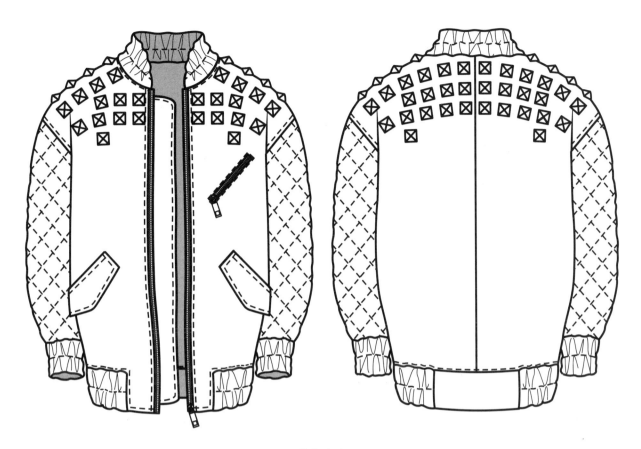

铆钉上衣

衬衫领胸前抽褶夹克　　　　　　　　　　门襟暗扣罗纹收口设计夹克

装饰分割立领夹克

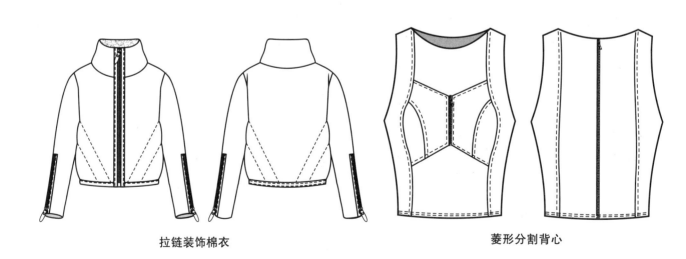

拉链装饰棉衣

菱形分割背心

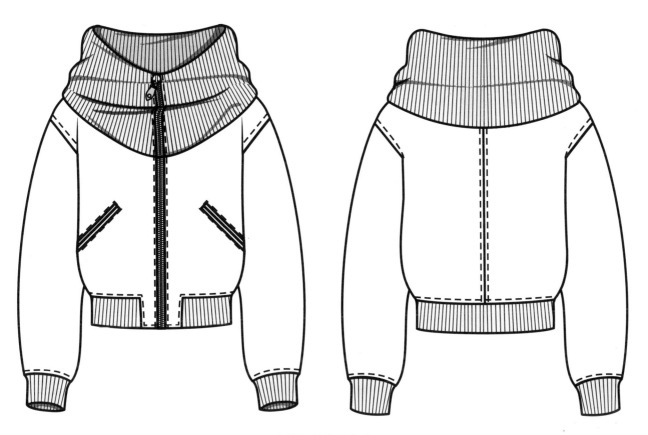

立领短款收口夹克

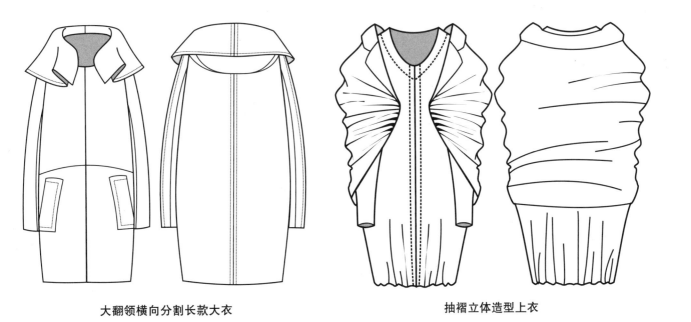

大翻领横向分割长款大衣

抽褶立体造型上衣

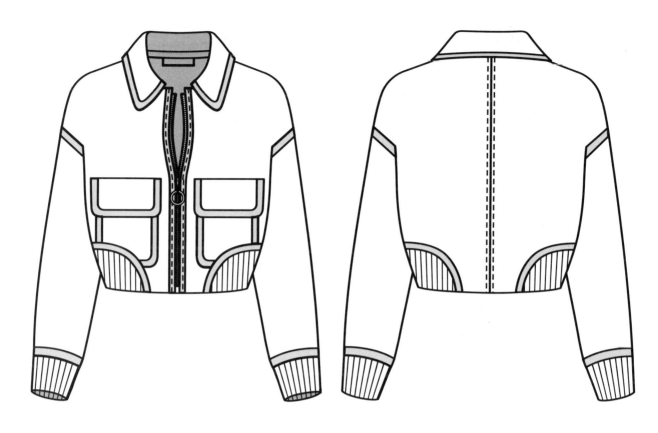

装饰贴袋夹克

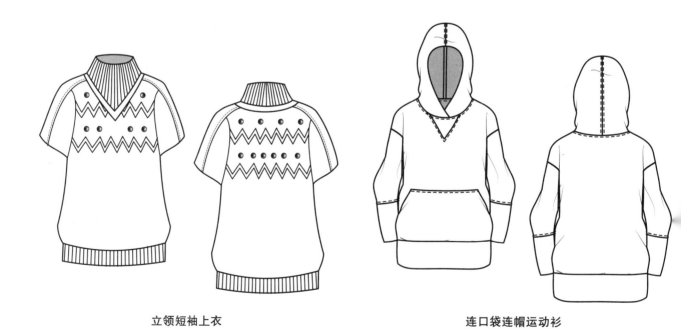

立领短袖上衣

连口袋连帽运动衫

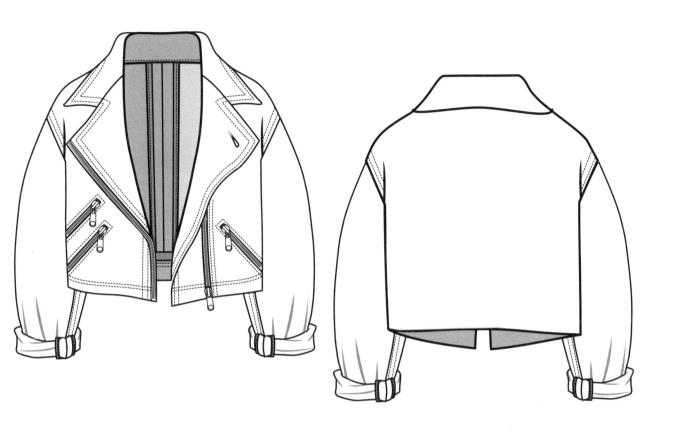

落肩翻领装饰拉链上衣

立领七分袖宽松造型夹克

连帽领短袖长款上衣

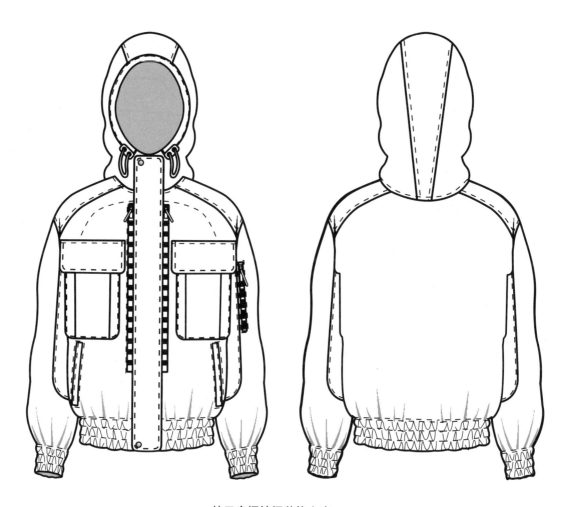

袖口底摆抽褶装饰上衣

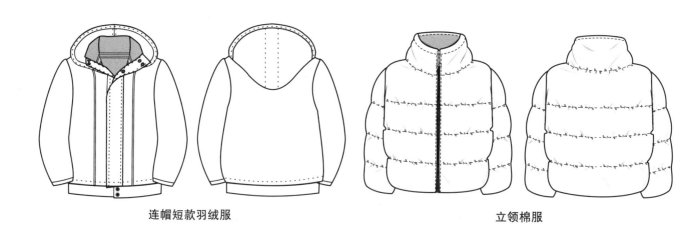

连帽短款羽绒服   立领棉服

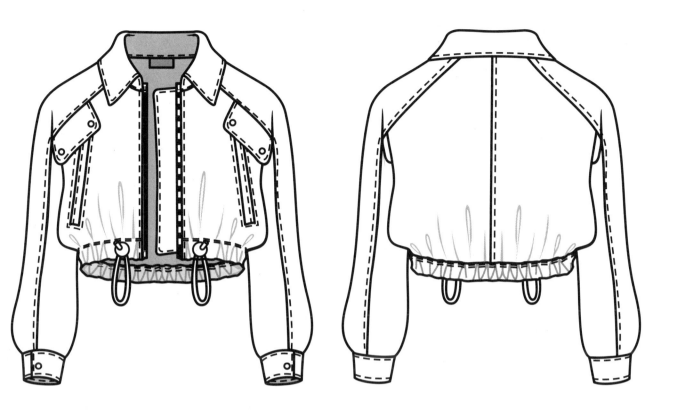

分割压线夹克

连身袖休闲风格上衣　　　　　　　　垂荡褶袖子长款上衣

连帽领缉线袖口装拉链上衣

落肩拉链短夹克

插肩袖短款上衣

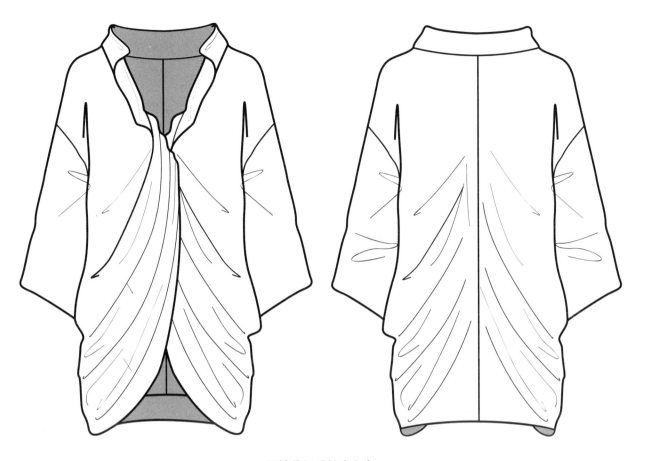

褶皱前短后长式上衣

无领短袖双排扣长款上衣　　　　　层叠无领罗纹收口上衣

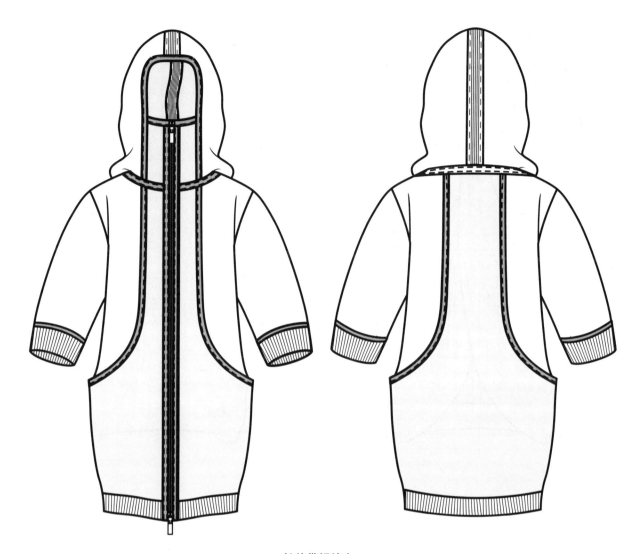

长款带帽棉衣

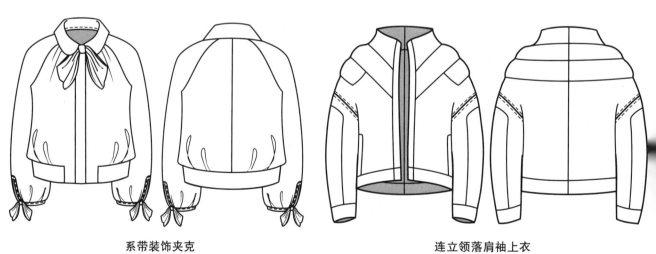

系带装饰夹克   连立领落肩袖上衣

短款带帽羽绒服

立领连帽拼接上衣   印花棒球服

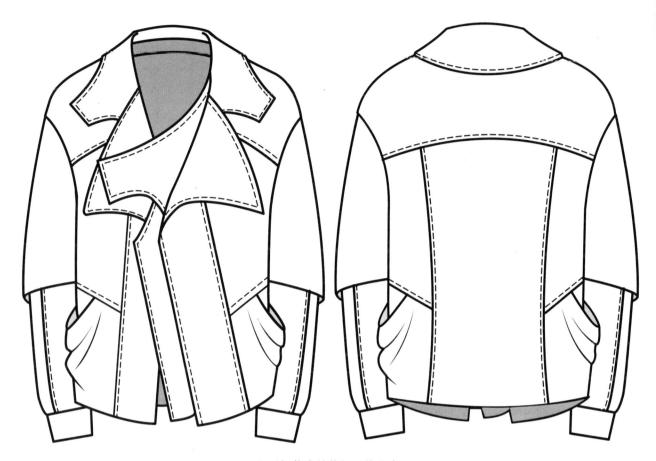

翻驳领落肩袖休闲风格上衣

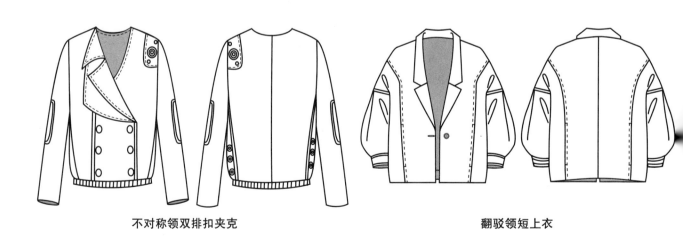

不对称领双排扣夹克

翻驳领短上衣

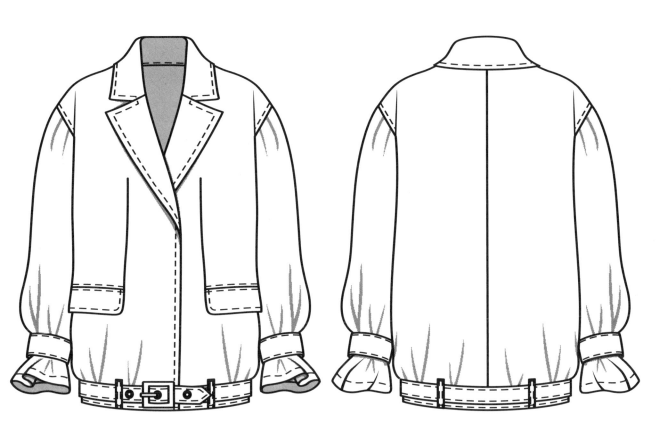

翻驳领收口休闲夹克

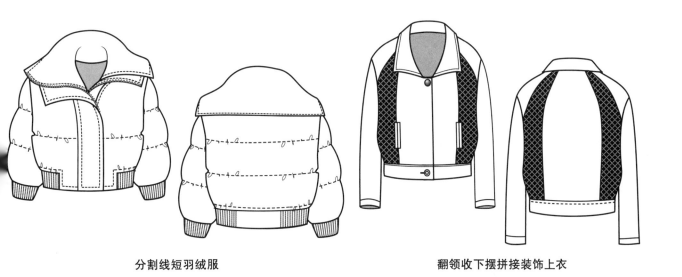

分割线短羽绒服

翻领收下摆拼接装饰上衣

缉线羽绒服

假两件夹克

立体造型夹克

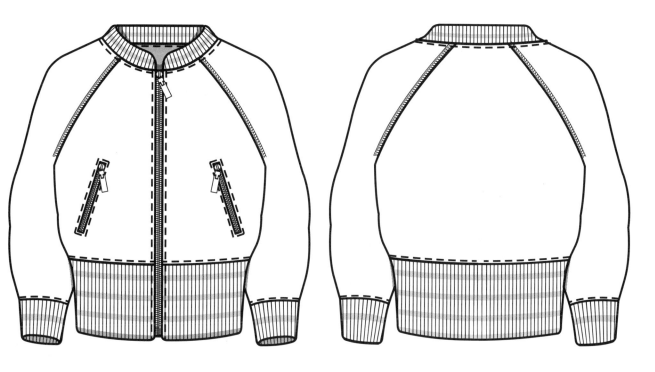

宽罗纹口棒球服

翻驳领中袖长款休闲类上衣

假两件式系腰带长款上衣

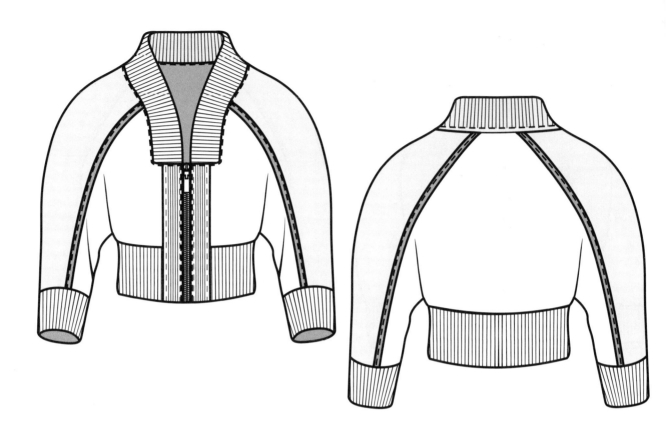

立领插肩袖短棉衣

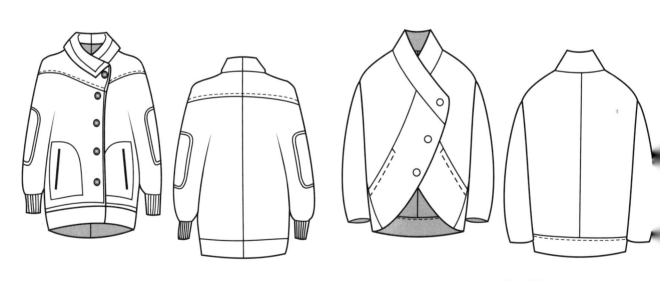

立翻领大贴袋罗纹袖口上衣

不对称立领大门襟三粒扣上衣

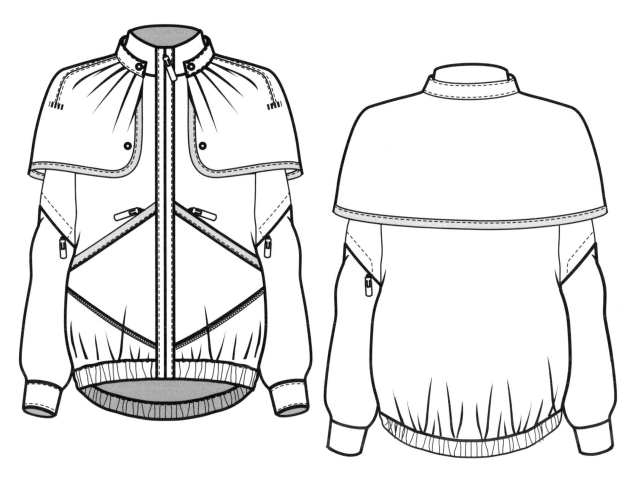

立领斗篷夹克

前短后长休闲外套

罗纹收口夹克

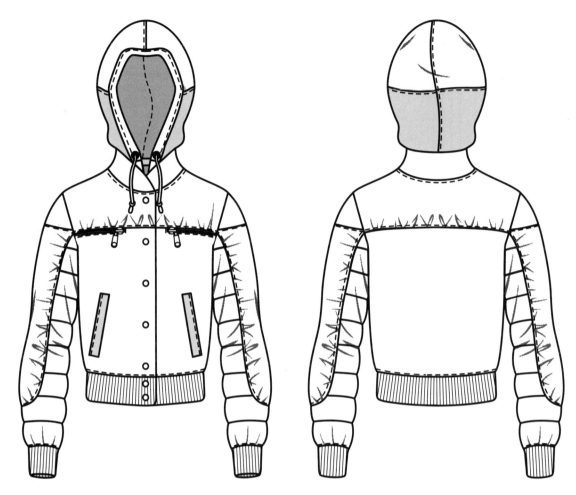

连衣帽系带分割线外套

立领印花拼接棒球服

运动风格连帽卫衣

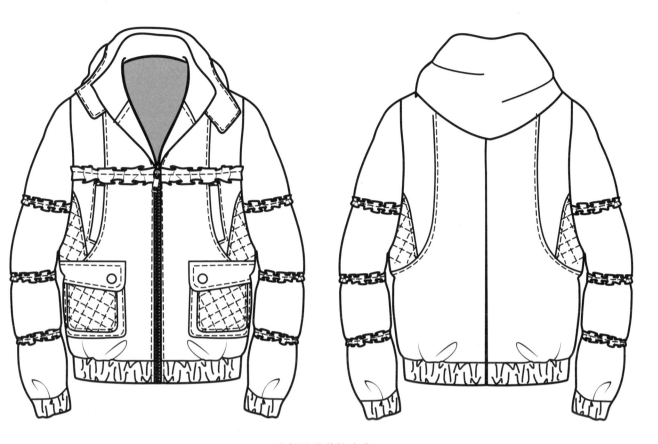

连帽缉线装饰夹克

双排扣罗纹口休闲夹克

无领罗纹收口休闲上衣

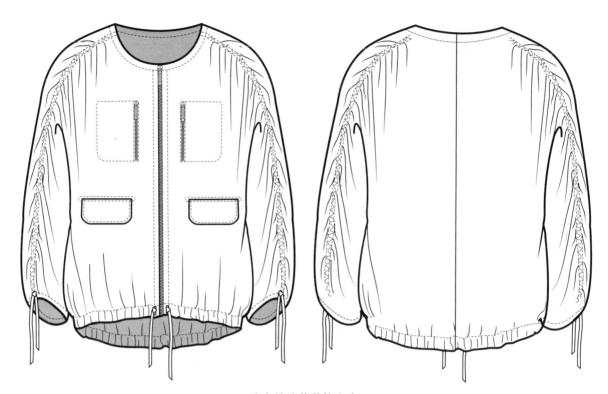

连身袖流苏装饰上衣

领子抽带立体口袋夹克

揿纽前短后长休闲外套

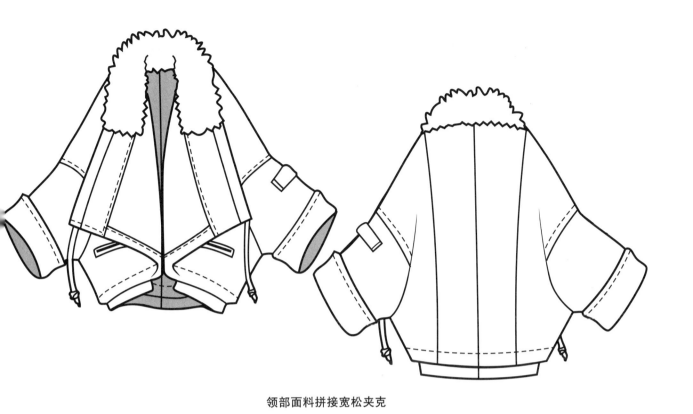

领部面料拼接宽松夹克

毛皮装饰长款上衣

烫钻装饰长款上衣

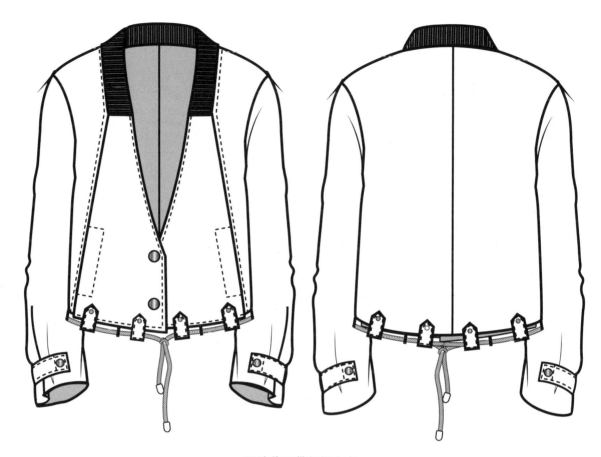

罗纹收口带扣襻上衣

连帽休闲大外套

罗纹收口前短后长上衣

分割带扣襻简洁夹克

衬衫领夹克

落肩袖青果堆领上衣

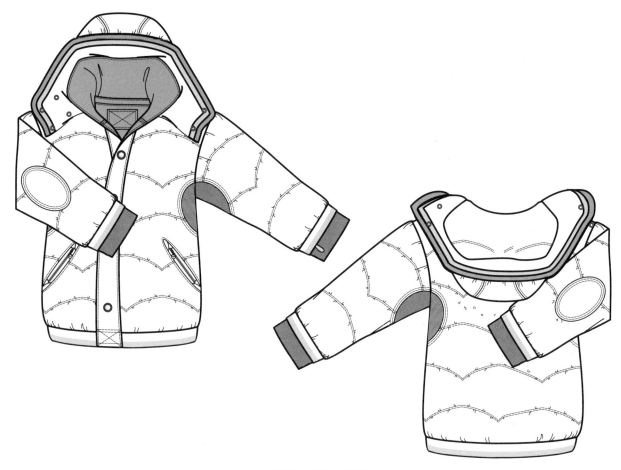

罗纹袖口拼接羽绒服

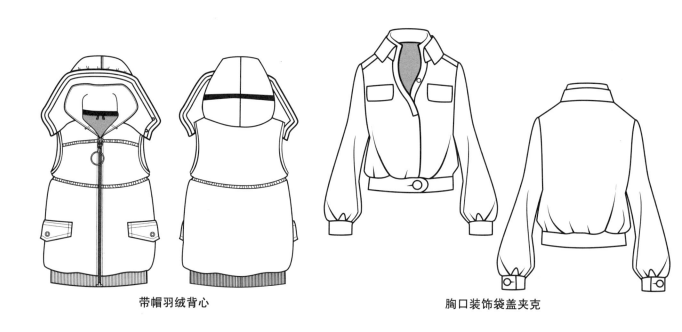

带帽羽绒背心

胸口装饰袋盖夹克

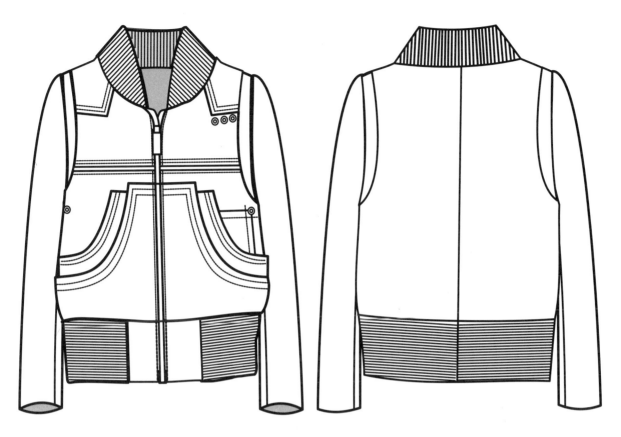

罗纹收口门襟加装饰拉链上衣

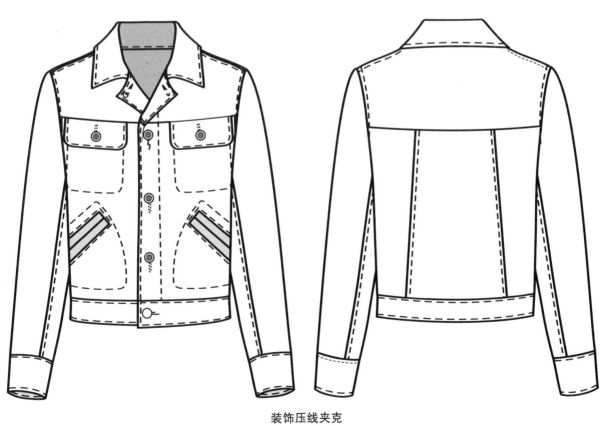

装饰压线夹克

第五章

款式图设计
（S型）

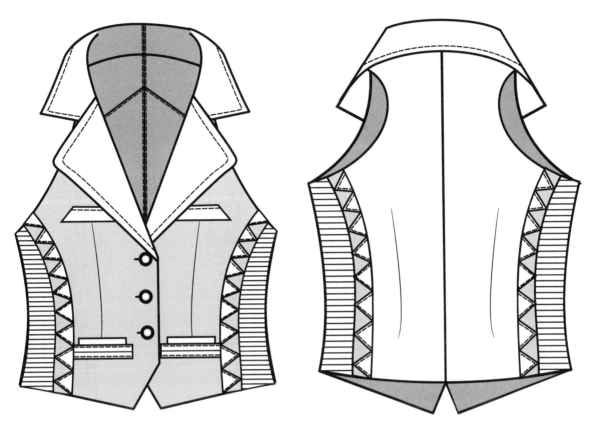

翻驳领口袋装饰马甲

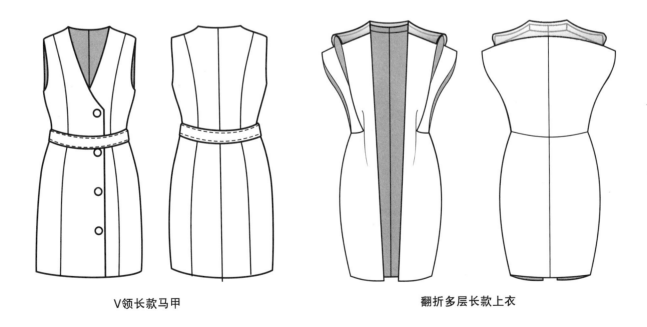

V领长款马甲

翻折多层长款上衣

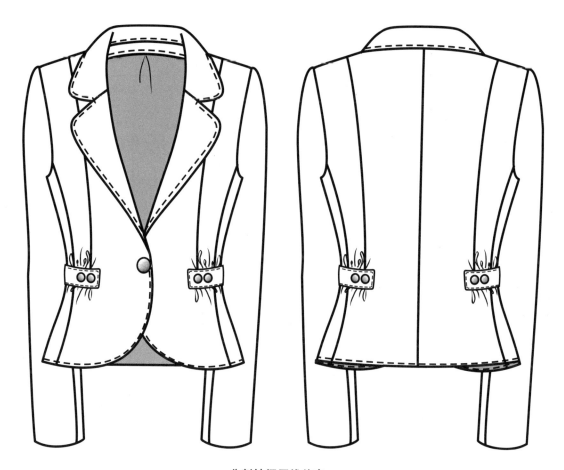

分割抽褶压线外套

分割短款西装

分割收省腰带装饰西装

立领断腰收省立体口袋外套

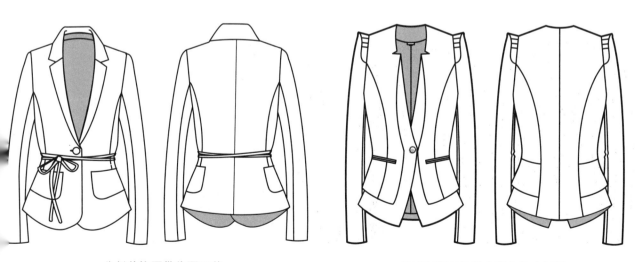

分割装饰腰带收腰西装

变化V领多曲线分割合体小西服

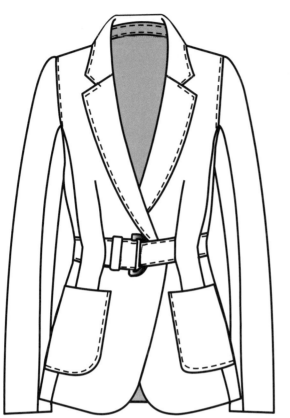
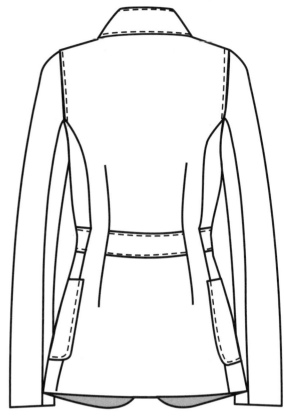

收省外套

驳领不对称波浪造型小西装

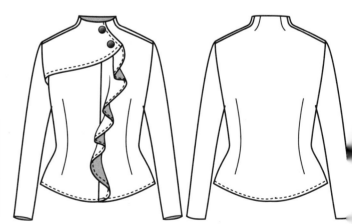

不对称波浪门襟收腰女外套

长款翻领束腰大衣

不对称立领夹克   不对称领刀背分割短上衣

驳头带装饰马甲

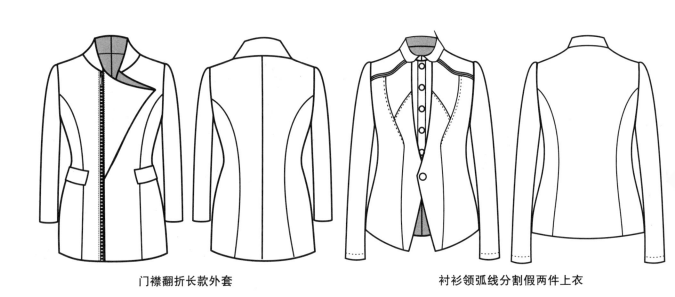

门襟翻折长款外套

衬衫领弧线分割假两件上衣

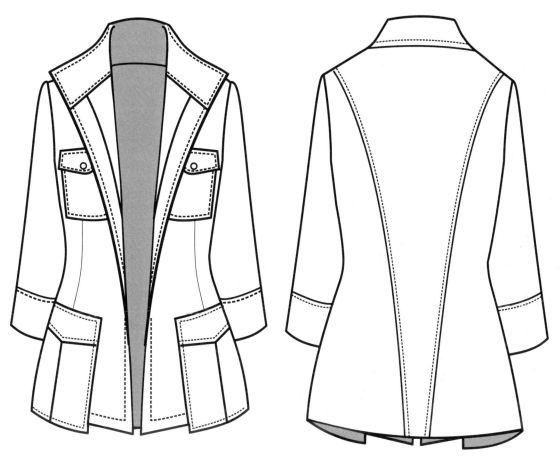

大翻领七分袖长款上衣

衬衫领合体上衣

大翻领短款上衣

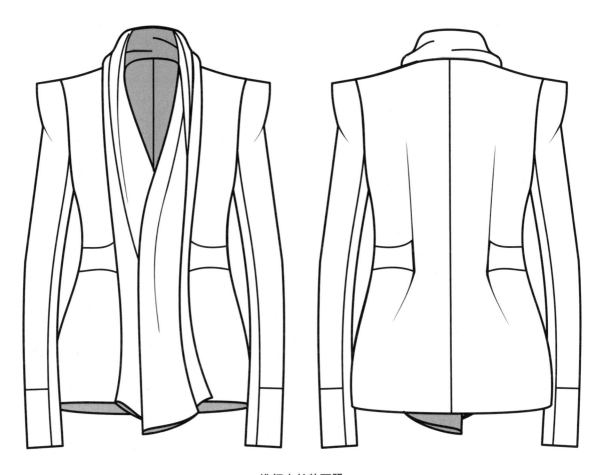

堆领中长款西服

大翻领门襟拉链上衣　　　　　　　　　带帽立体领合体上衣

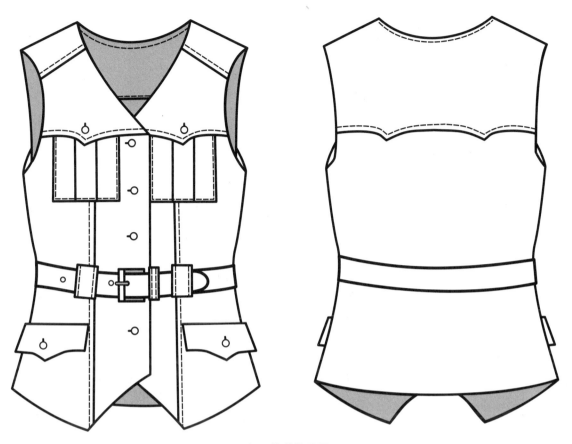

多口袋装饰马甲

OL风格小立领上衣

翻驳领大口袋西服

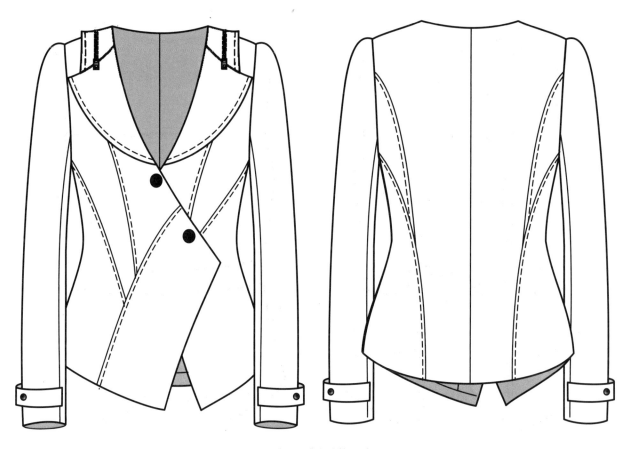

翻驳领不对称结构上衣

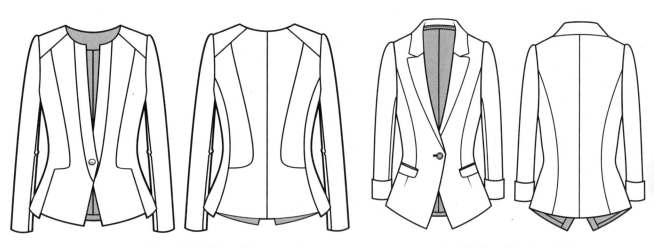

V领多曲线分割合体小西服　　　　　　　翻驳领袖口外翻边职业装

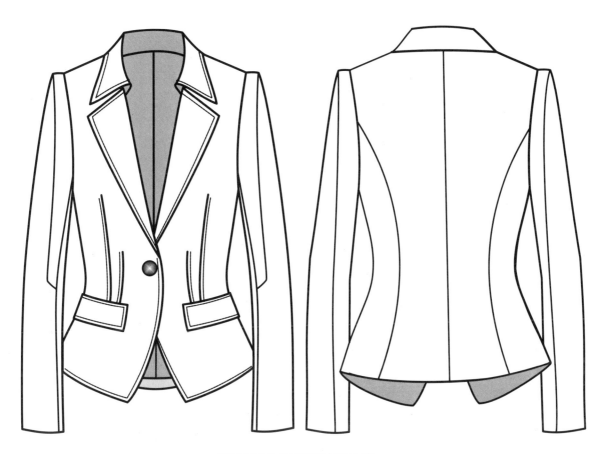

翻驳领三片袖三开身结构上衣

插肩袖肩部流苏装饰上衣

翻驳领中长款上衣

翻驳领刀背分割上衣

翻驳领立体口袋小西装　　　　　　翻驳领小西服

翻驳领马甲

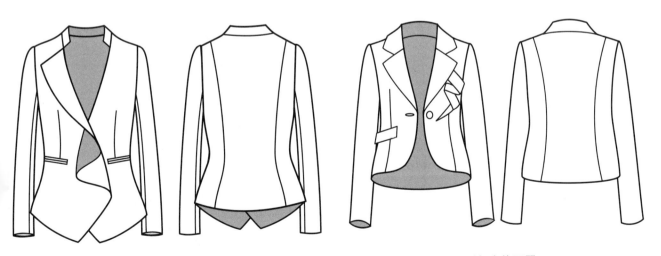

不对称驳头波浪造型门襟上衣   翻驳领合体西服

翻驳领袖口外翻边上衣

翻驳领上衣

翻领门襟双排扣上衣

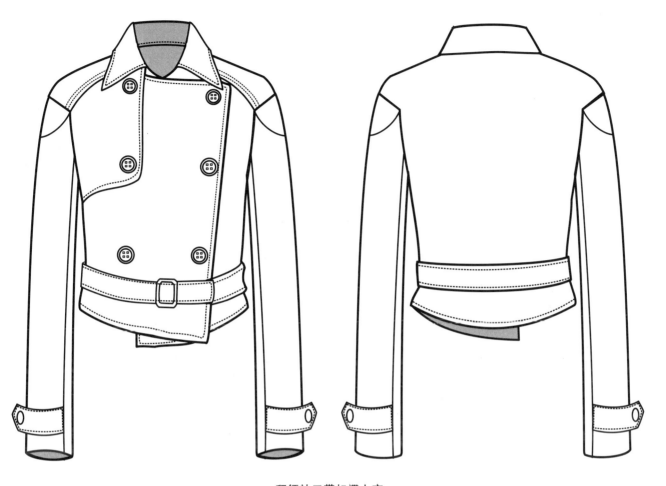

翻领袖口带扣襻上衣

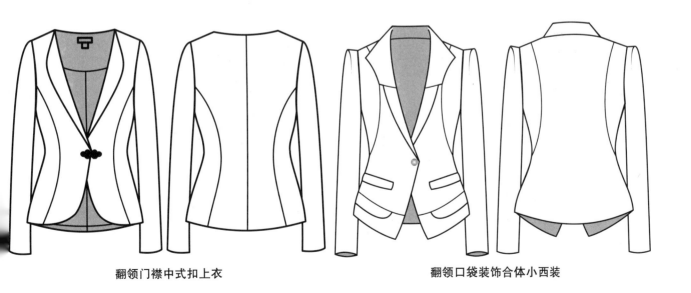

翻领门襟中式扣上衣

翻领口袋装饰合体小西装

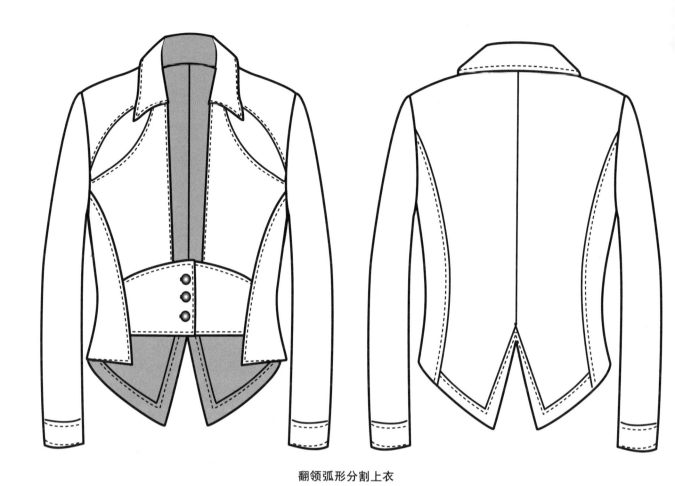

翻领弧形分割上衣

翻领腰间加口袋小西服

海军领纵向分割上衣

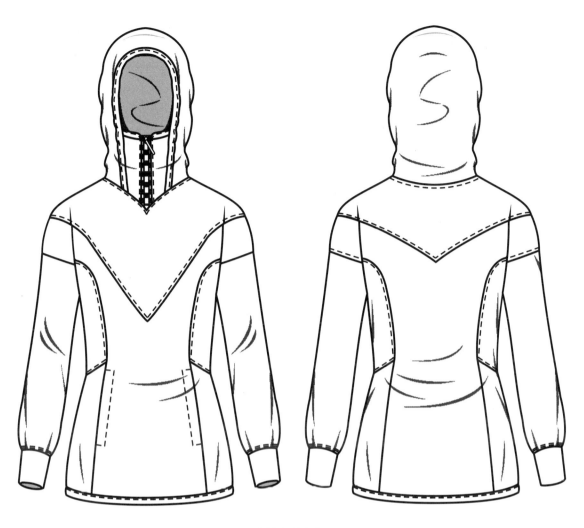

分割连帽夹克

假两件拼接针织休闲上衣   立领插肩袖袖口带扣襻上衣

分割线装饰腰带休闲马甲

立领不对称门襟马甲

变化领牛角袖中长款上衣

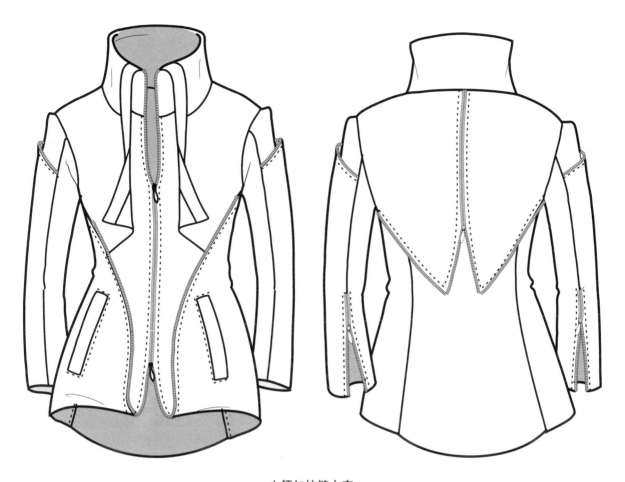

立领加拉链上衣

立领腰部横向分割袖山头分割上衣　　　　　立领通肩公主线分割小西服

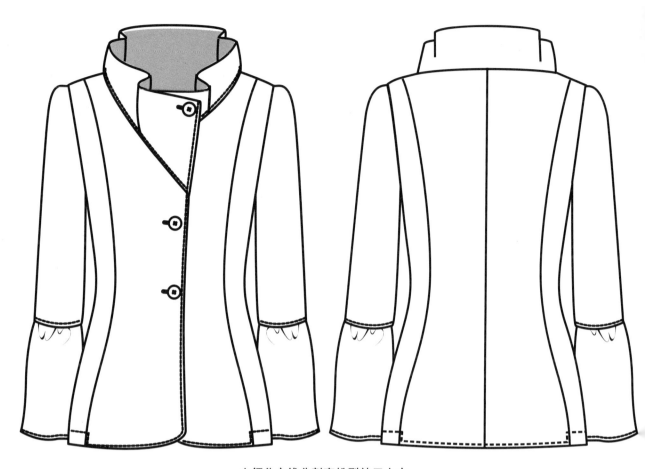

立领公主线分割宽松型袖口上衣

连立领休闲风格小西服

立领不对称门襟拉链上衣

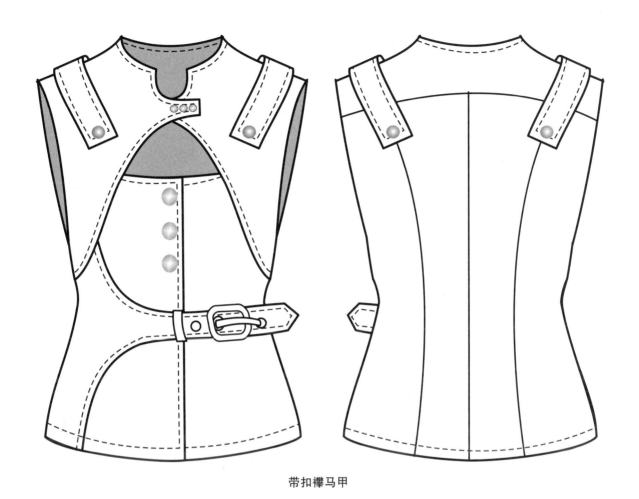

带扣襻马甲

立领不对称门襟七分袖上衣　　　　　立领不对称中式短上衣

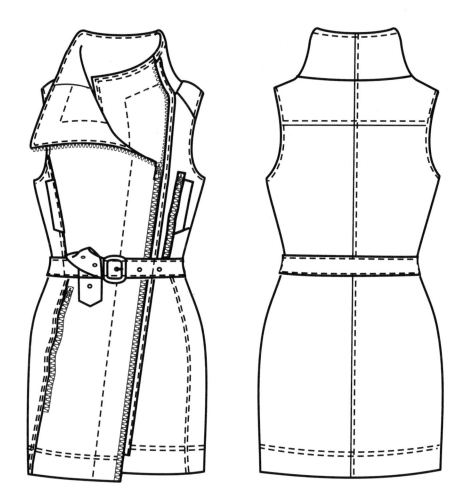

立领长款机车背心

立翻驳领合体小西装   立领多分割装饰上衣

立领分割线小西服

弧线分割连立领小西装

翻领袖口外翻边上衣

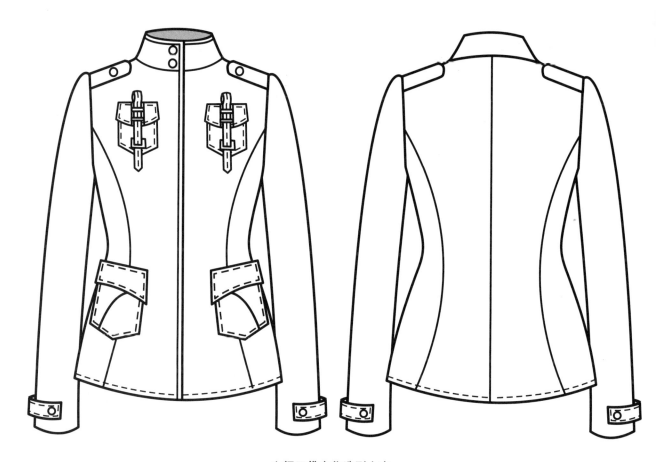

立领口袋变化造型上衣

立领下摆带褶小西装

立领腰部有扣襻长款上衣

立领拉链门襟上衣

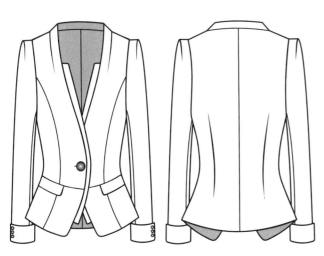

立领袖口外翻边上衣

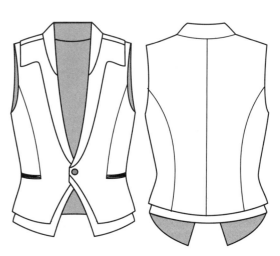

立领曲线分割马甲

立领一粒扣不对称设计西服

立领袖口外翻边休闲小西服　　　　　　　　　　　　连立领收腰上衣

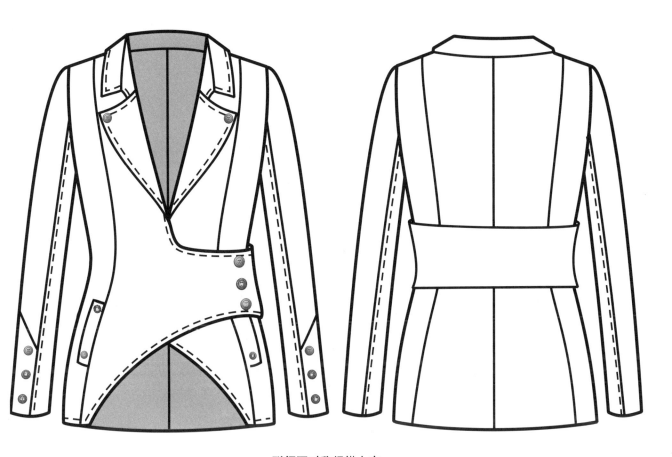

驳领不对称门襟上衣

连立领多曲线分割合体小西服　　　　　　连立领多曲线分割小西服

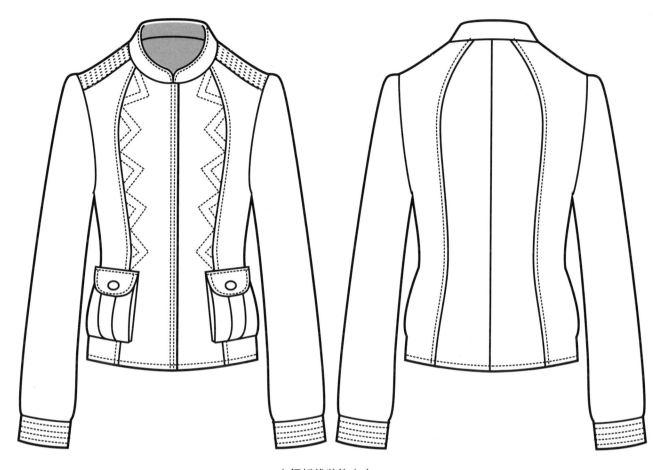

立领折线装饰上衣

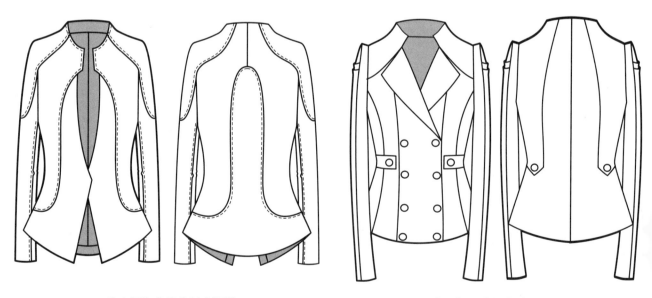

连立领多曲线分割小西服

连立领双排扣合体小西服

立领缉线中长款上衣

衬衫领领口系带波浪造型上衣

立领领口抽细褶小西服

立领腰部袋盖装饰上衣

内嵌小立领分割上衣

驳领抽褶短款小西服

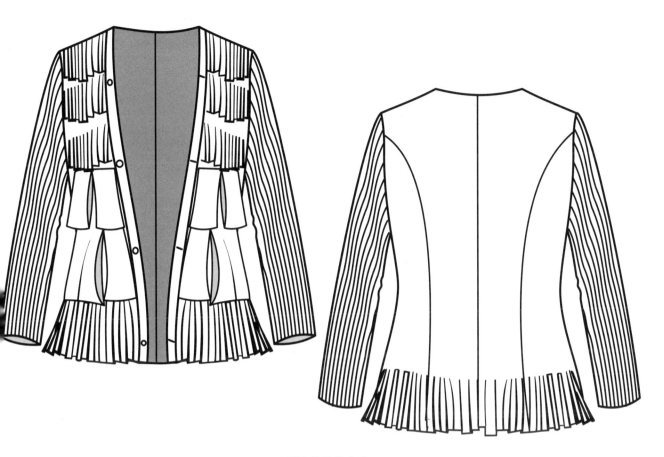

无领流苏装饰上衣

立领后底摆开衩小西服

戗驳领一粒扣上衣

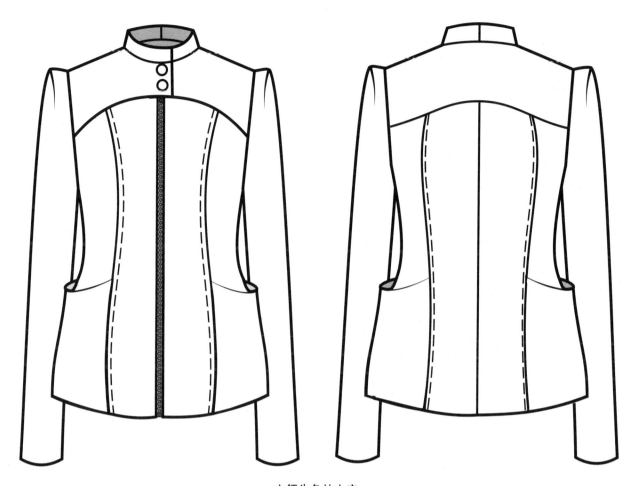

立领牛角袖上衣

青果领小西装

青果领公主线分割上衣

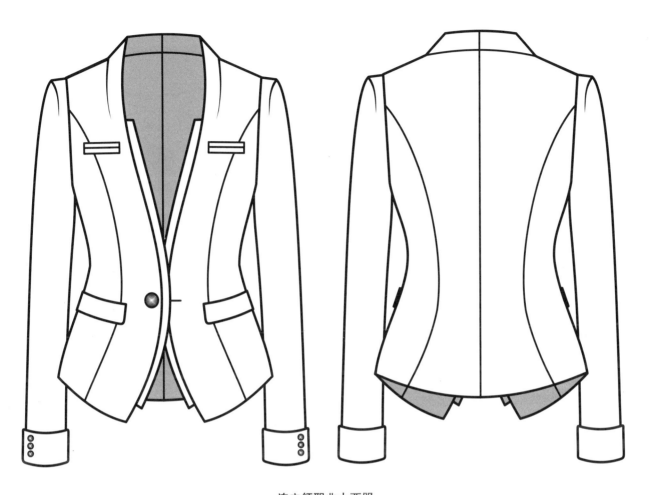

连立领职业小西服

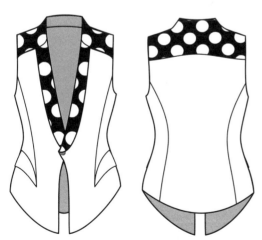

曲线分割花色面料马甲

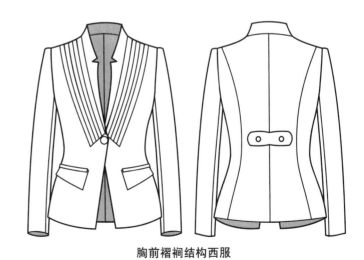

胸前褶裥结构西服

无领带拉链上衣

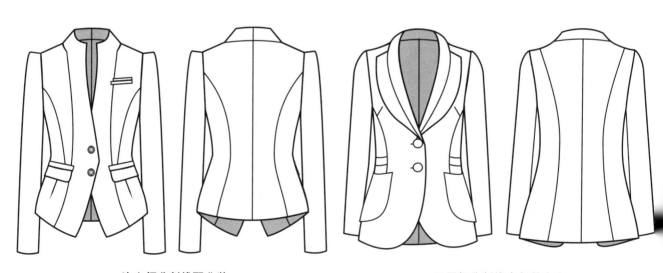

连立领分割线职业装

双层领分割线中长款上衣

塔克褶衬衫

四开身短西装　　　　　　　　　　领口翻折层叠波浪下摆小西装

无领短袖上衣

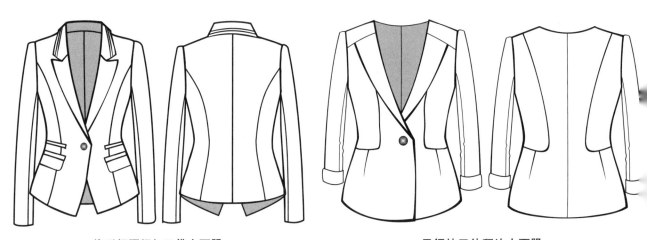

镶驳领腰间加口袋小西服　　　　　　无领袖口外翻边小西服

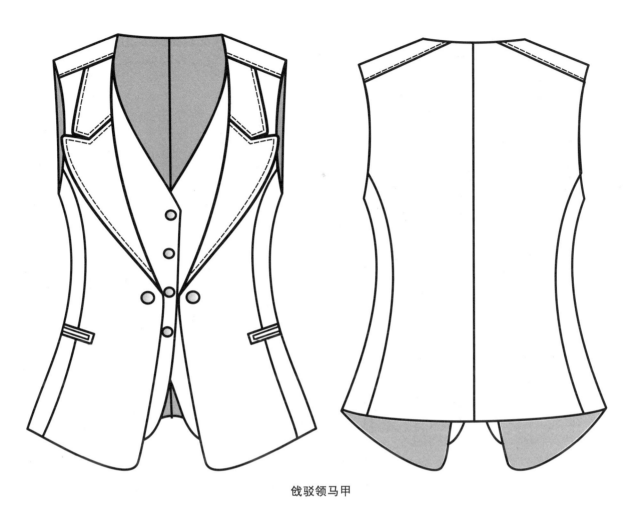

戗驳领马甲

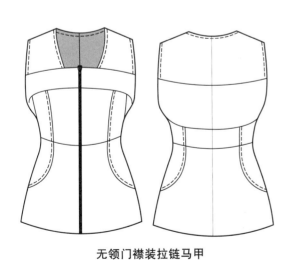

无领门襟装拉链马甲

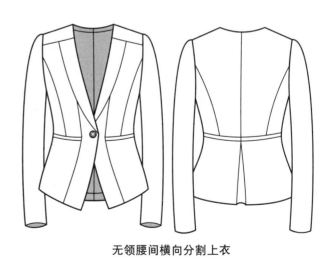

无领腰间横向分割上衣

四粒扣小西装领上衣

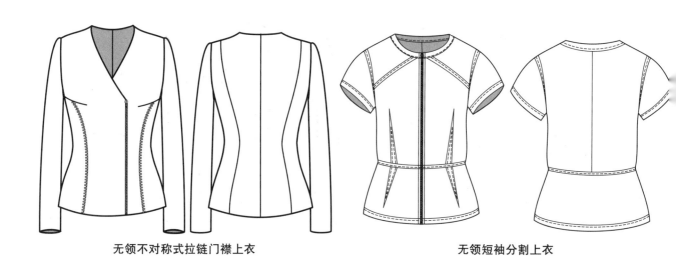

无领不对称式拉链门襟上衣

无领短袖分割上衣

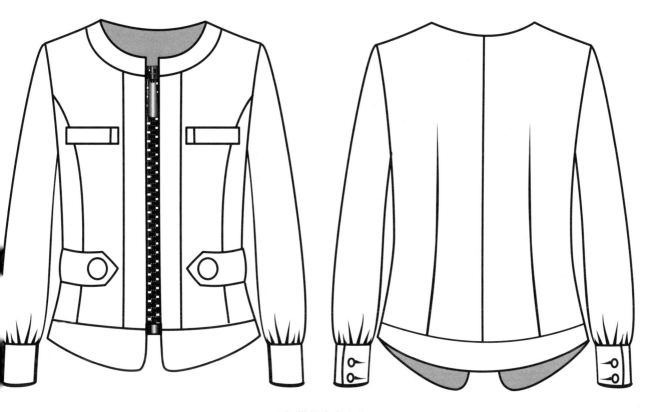

无领带袖克夫上衣

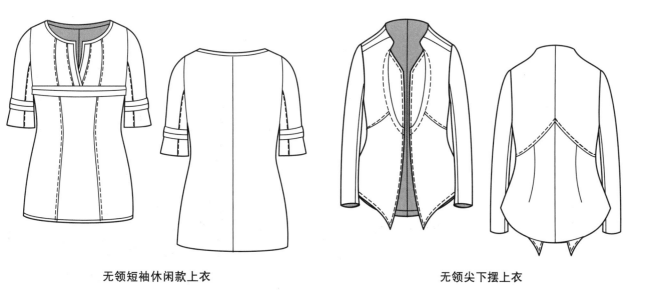

无领短袖休闲款上衣

无领尖下摆上衣

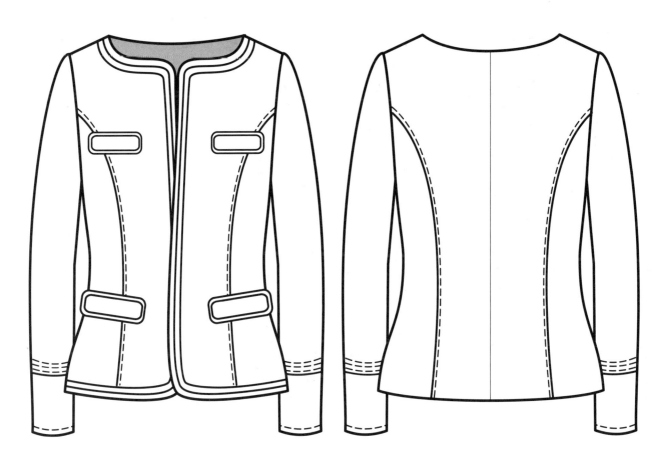

无领口袋装饰上衣

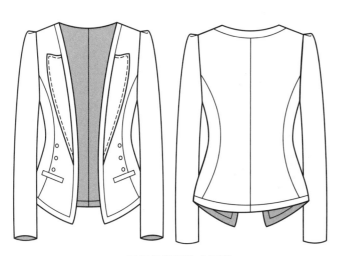

无领休闲风格小西服

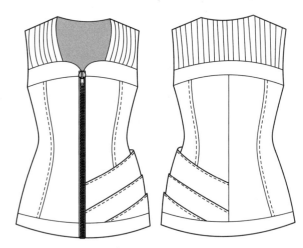

无领门襟装拉链罗纹育克马甲

无领分割线装饰束腰上衣

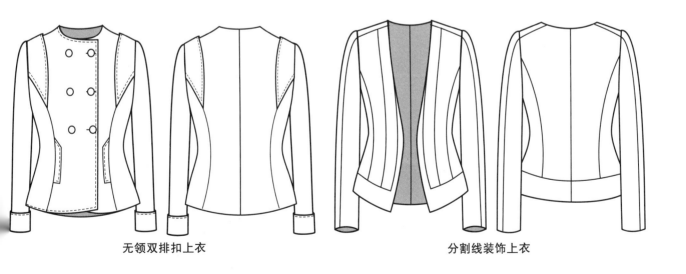

无领双排扣上衣　　　　　　　　　　　分割线装饰上衣

西装双排扣外套

休闲类分体式翻驳领

小立领西服式马甲

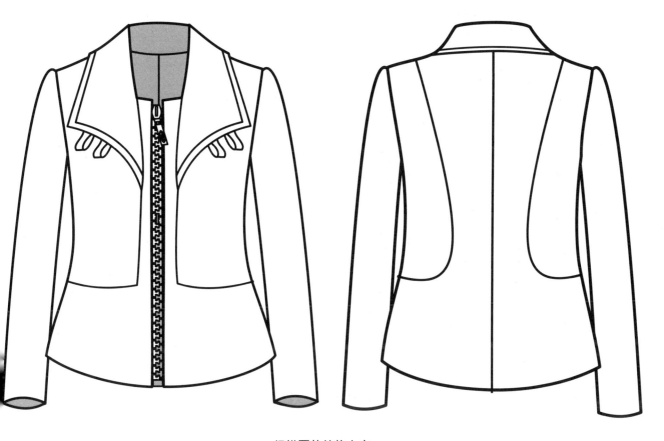

门襟覆势结构上衣

羊腿袖圆领夹克　　　　　　　　　　　　刀背分割合体小西装

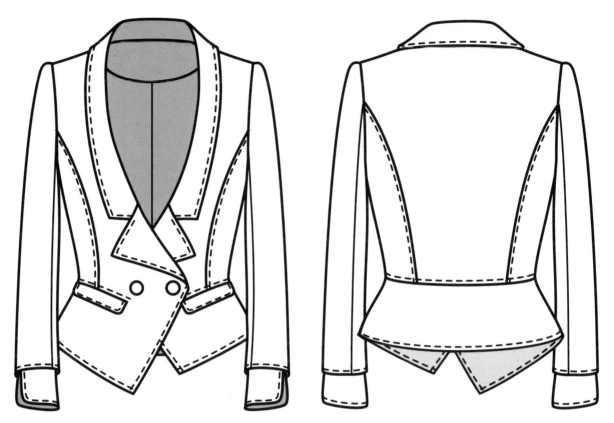

圆弧领不对称下摆短上衣

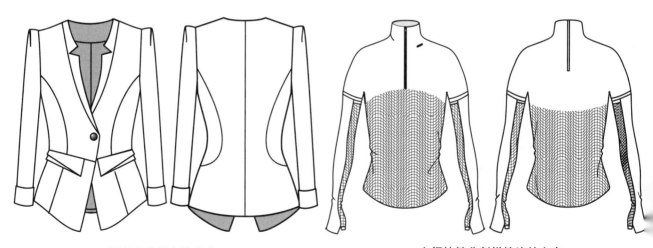

腰部立体褶合体上衣　　　　　　立领拉链分割拼接连袖上衣

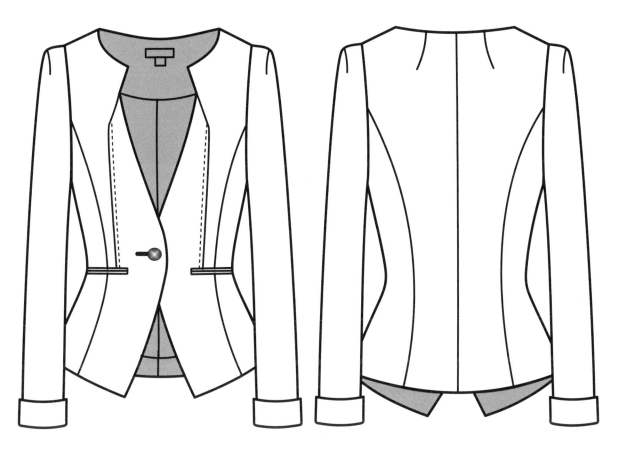

挖袋缉线小西装

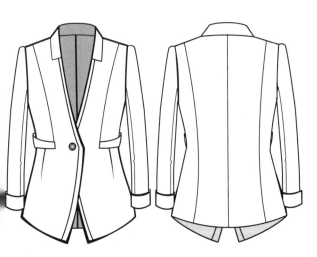

腰部翻折中长款女外套

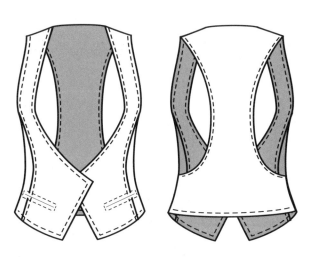

西装马甲

褶皱立领刀背分割上衣

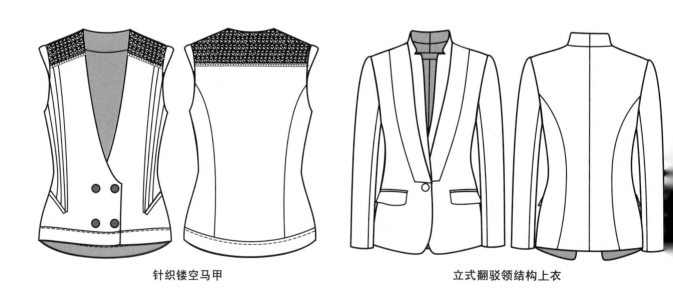

针织镂空马甲　　　　　　　　立式翻驳领结构上衣

第六章

款式图设计
（T型）

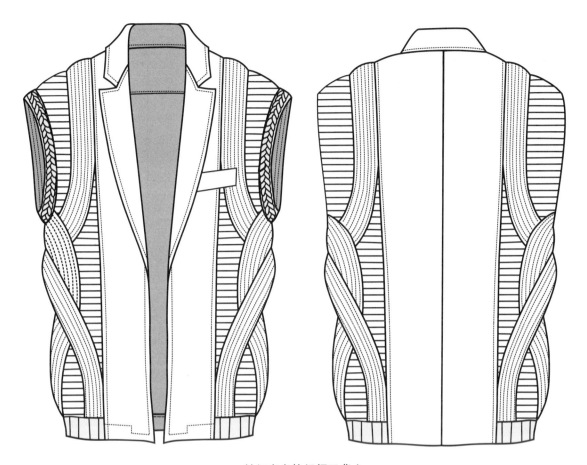

针织衣身梭织领口背心

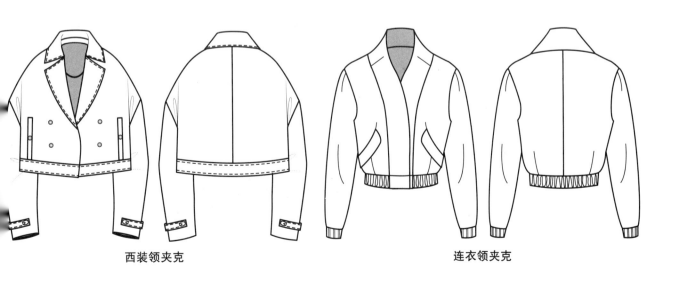

西装领夹克 连衣领夹克

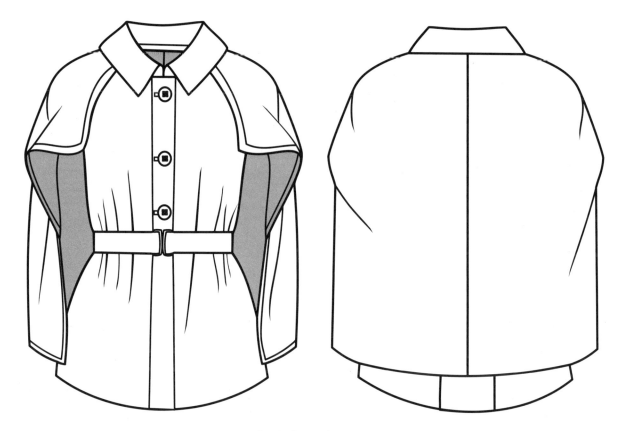

衬衫领束腰斗篷式上衣

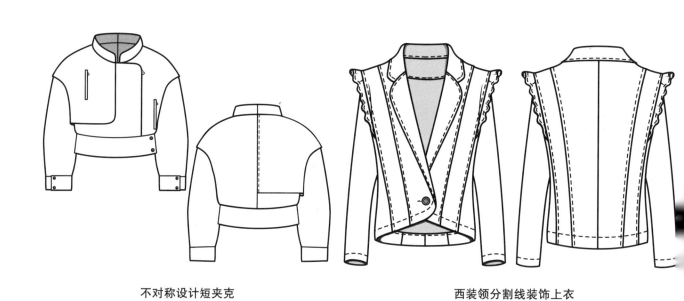

不对称设计短夹克

西装领分割线装饰上衣

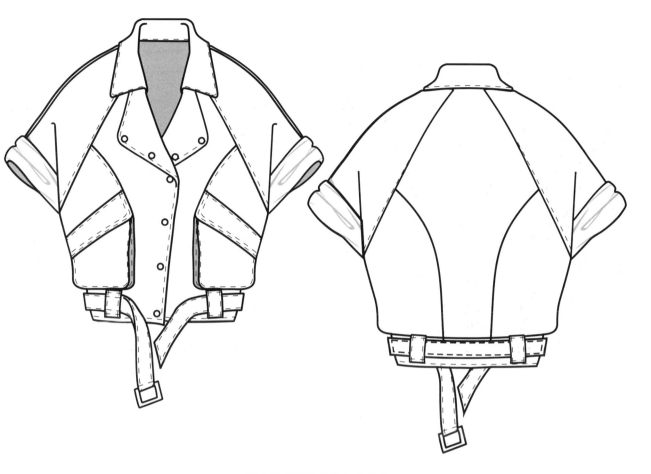

插肩袖翻驳领系带短款上衣

贴袋简约宽松休闲外套

落肩无袖戗驳领大衣

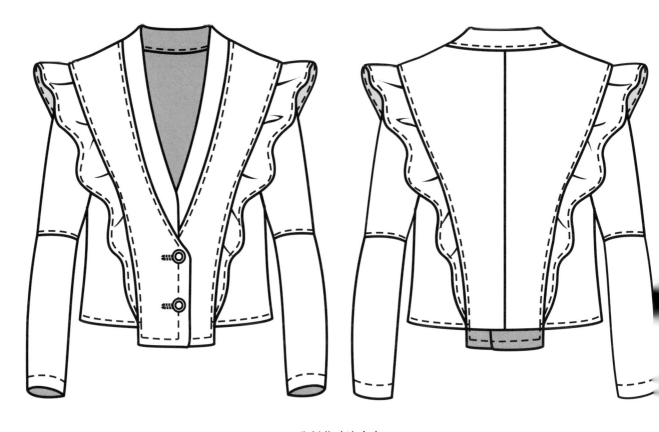

分割荷叶边夹克

衬衫领连肩袖上衣

立领无袖门襟装拉链马甲

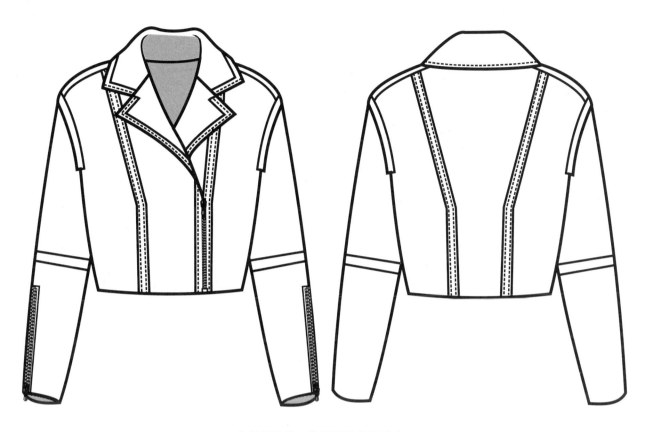

分割缉线袖口拉链装饰休闲外套

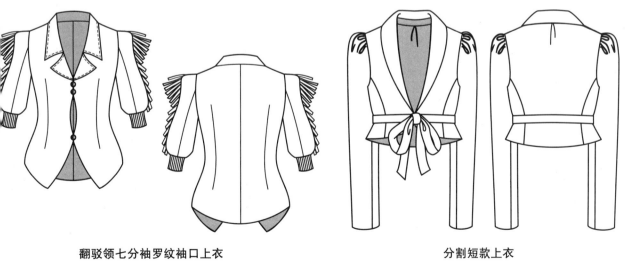

翻驳领七分袖罗纹袖口上衣

分割短款上衣

分割线设计短袖夹克

衬衫领门襟带扣马甲   无领衬衫

缉分割线短款纽扣夹克

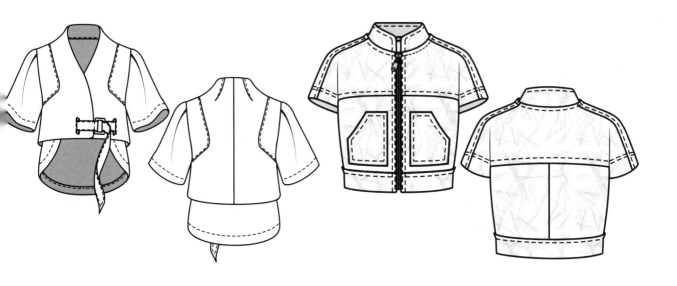

腰间带扣襻前短后长上衣

贴袋夹克

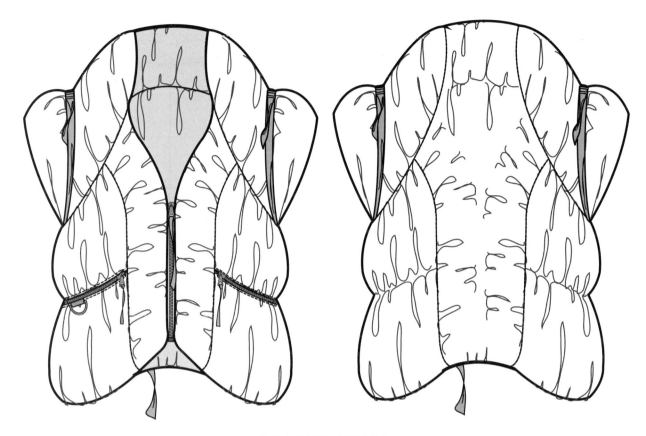

盖袖立领拉链式羽绒背心

育克宽松夹克

带帽短款拉链上衣

翻驳领下摆系带短款上衣

不对称领短款上衣

无领自由分割短款上衣

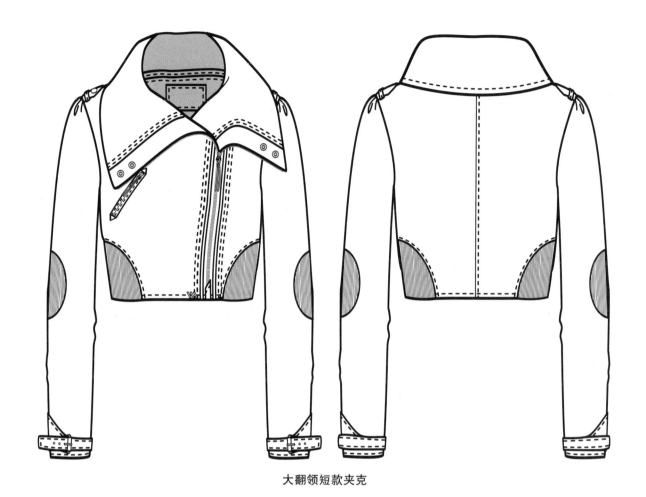

大翻领短款夹克

翻领短袖上衣

翻领收腰上衣

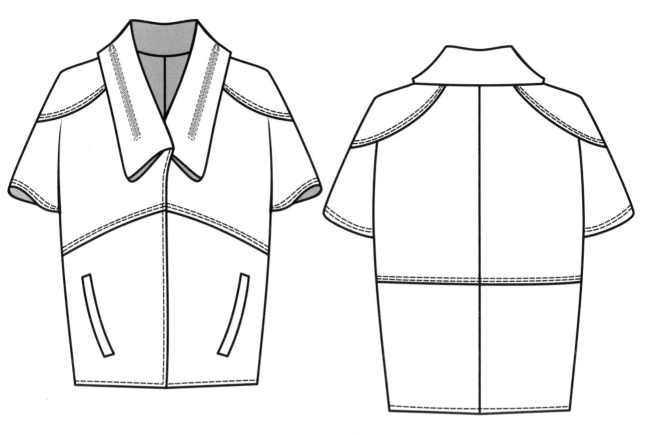

大翻领短袖上衣

翻领后背加育克上衣

翻领下摆门襟带扣襻休闲上衣

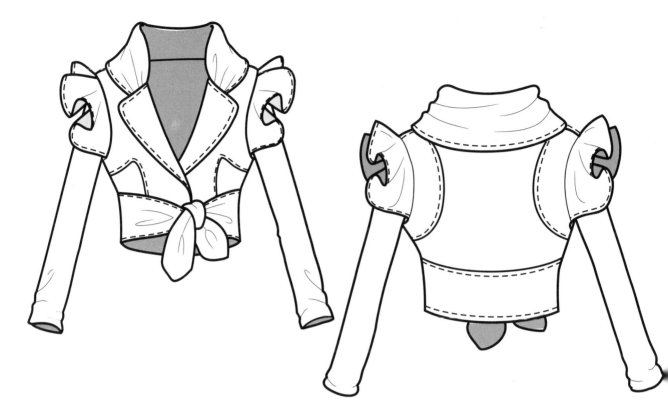

驳领袖山头加花边短款上衣

缉分割线休闲机车夹克　　　　　　缉分割线多层前短后长休闲外套

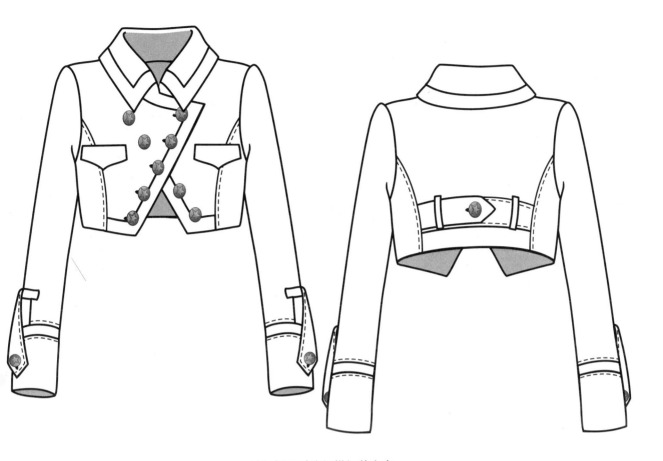

衬衫领不对称门襟短款上衣

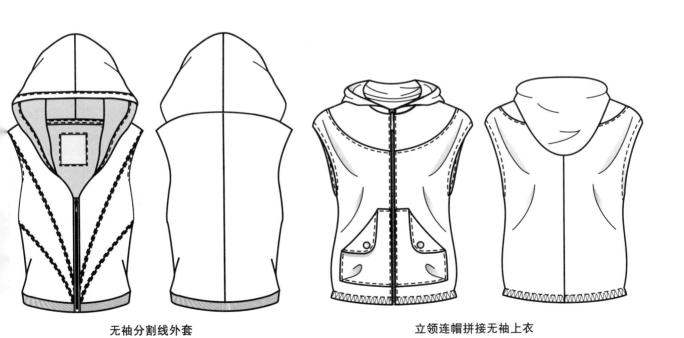

无袖分割线外套

立领连帽拼接无袖上衣

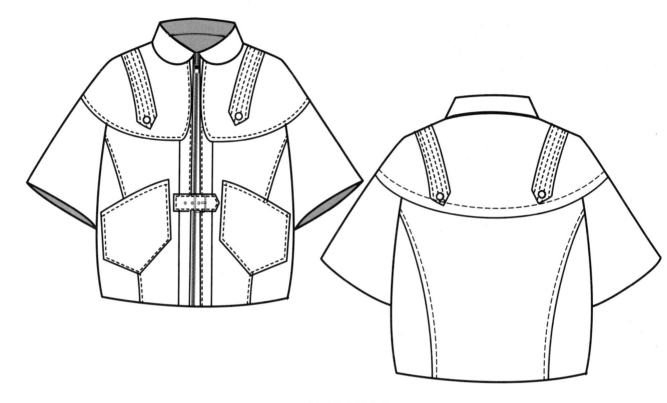

衬衫领七分袖上衣

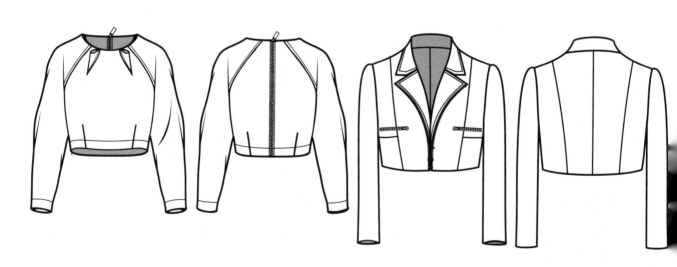

后中拉链运动风格上衣

翻驳领拉链装饰上衣

衬衫领大波浪袖口下摆系带上衣

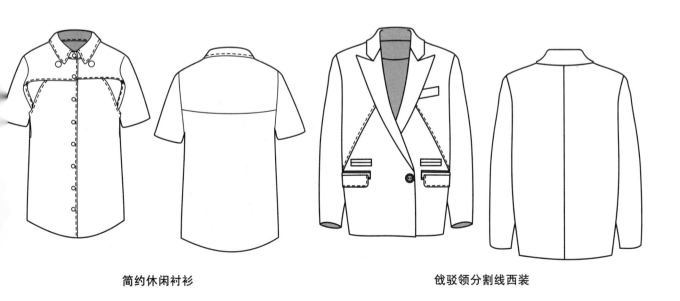

简约休闲衬衫

戗驳领分割线西装

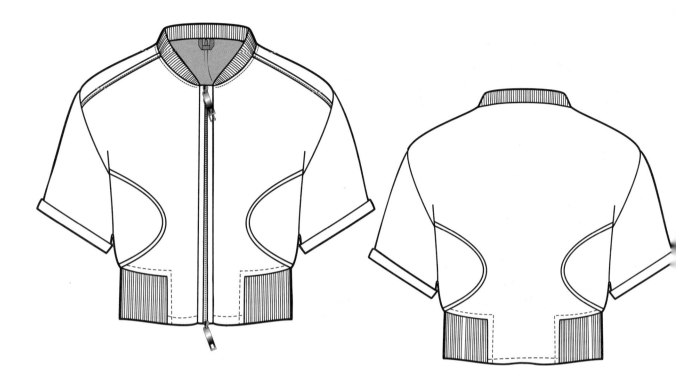

领口下摆罗纹设计上衣

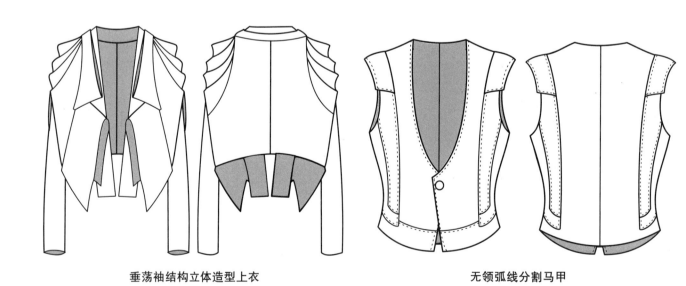

垂荡袖结构立体造型上衣

无领弧线分割马甲

大翻领拉链装饰上衣

立领短袖上衣　　　　　　立领流苏下摆上衣

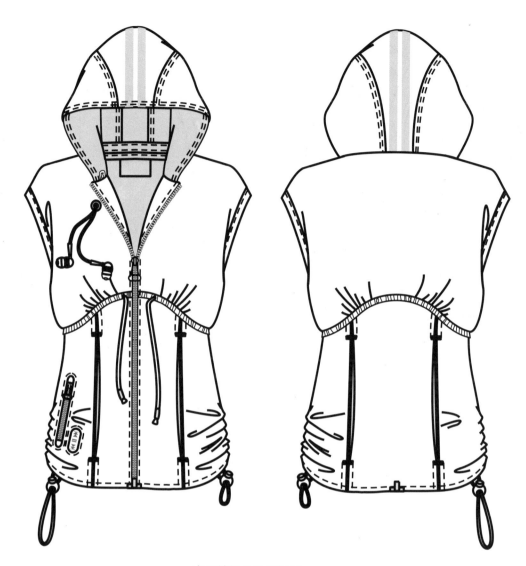

高腰抽褶分割连帽衫

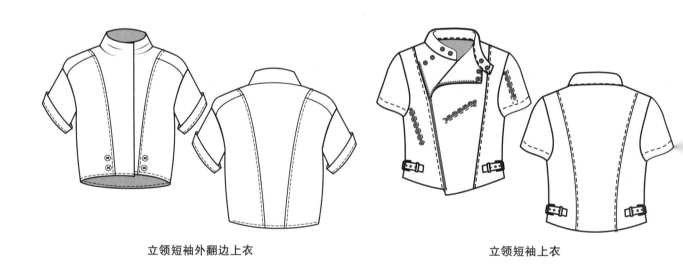

立领短袖外翻边上衣

立领短袖上衣

分割线装饰立领夹克

立领落肩袖上衣

立领无袖机车装

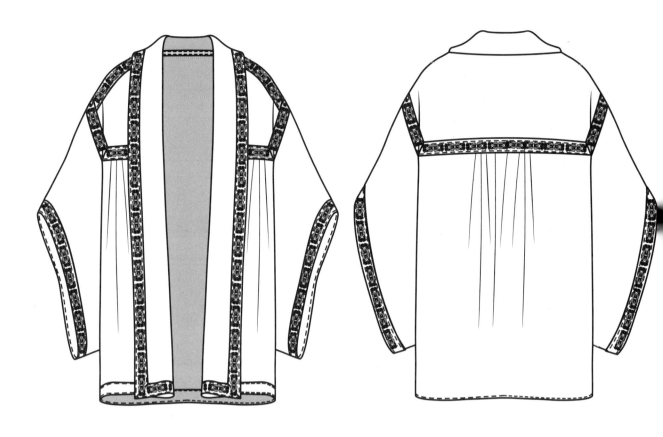

复古大袖开衫

披风结构上衣

带流苏短袖上衣

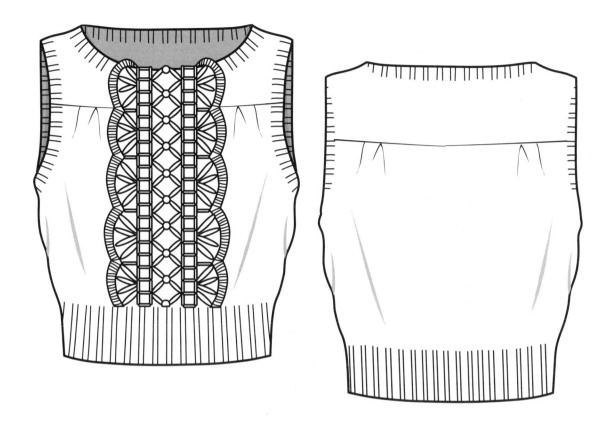

花纹针织背心

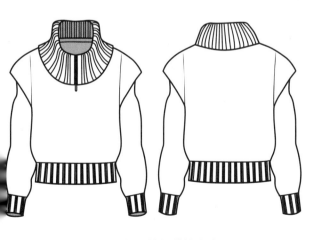

罗纹立领加拉链装饰上衣

披肩运动服

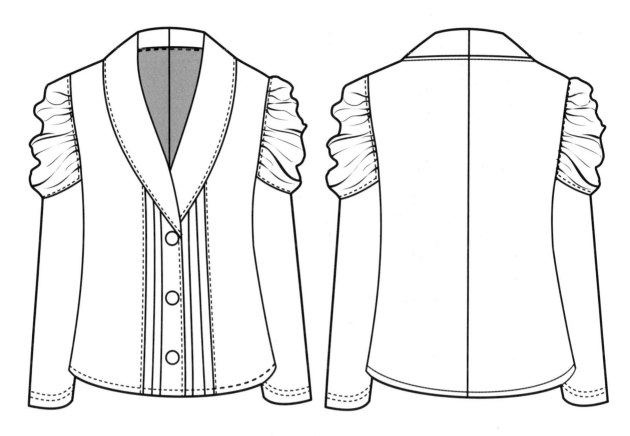

青果领礼服袖上衣

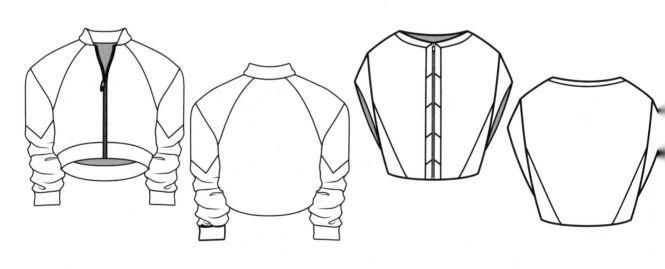

七分袖棒球服　　　　　　　　　　门襟带拉链短袖上衣

铆钉装饰夹克

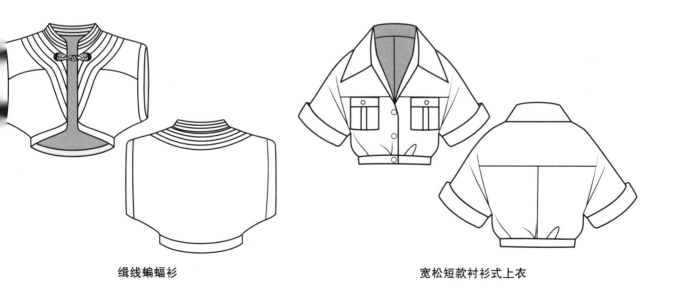

缉线蝙蝠衫

宽松短款衬衫式上衣

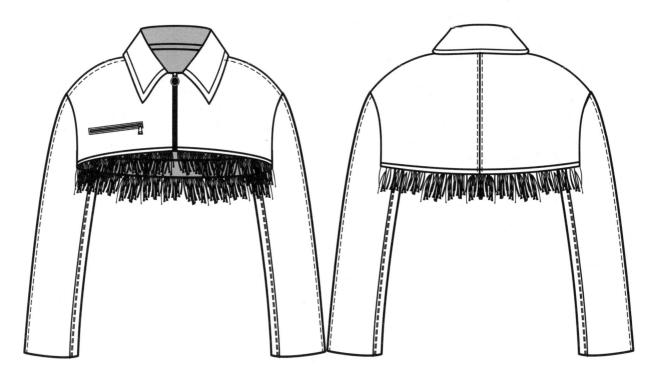

衬衫领流苏拉链装饰超短款上衣

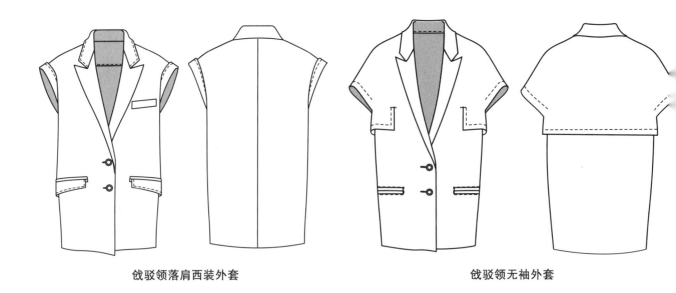

戗驳领落肩西装外套   戗驳领无袖外套

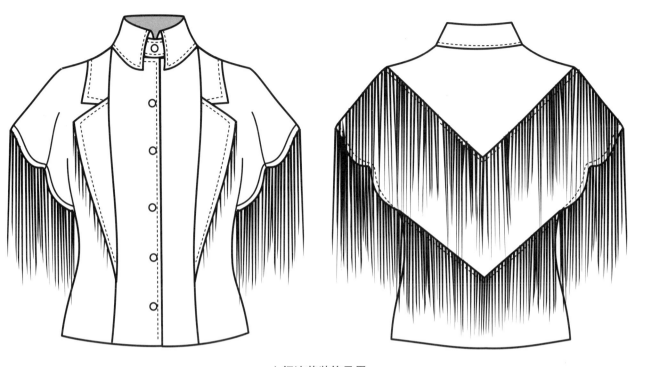

立领流苏装饰马甲

立领纽扣装饰短款上衣

青果领短款休闲小西服

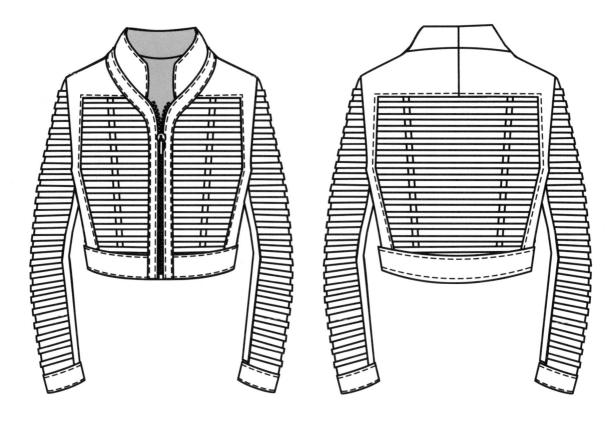

条纹装饰立领短款运动休闲外套

双排扣棒球服   无领插肩袖上衣

无领流苏装饰上衣

短袖领部装饰夹克

无领门襟加搭扣马甲

翻驳领袖口带波浪上衣

无领OL风格短款上衣　　　　　　无领流苏装饰上衣

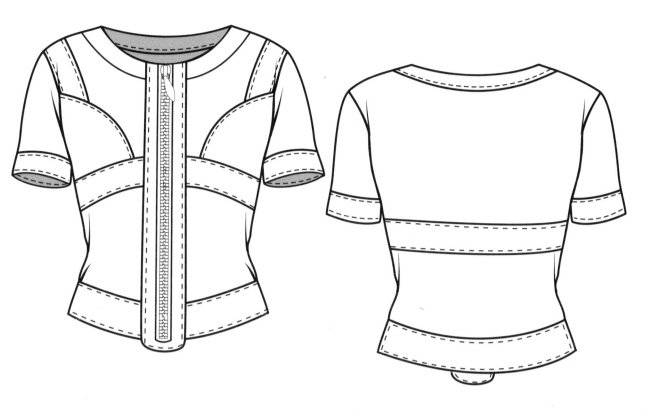

无领多分割短袖上衣

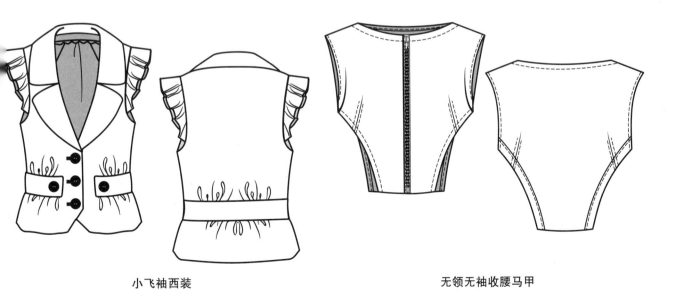

小飞袖西装

无领无袖收腰马甲

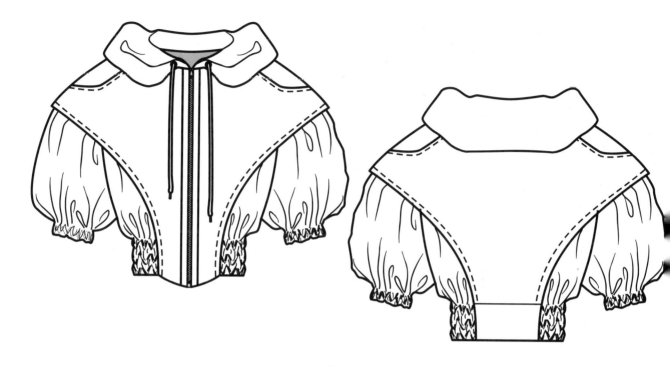

抽褶外套

无领双排扣短上衣

无袖波浪花边装饰马甲

披肩短外套

小立领袖口抽碎褶短袖上衣

落肩无袖牛仔服

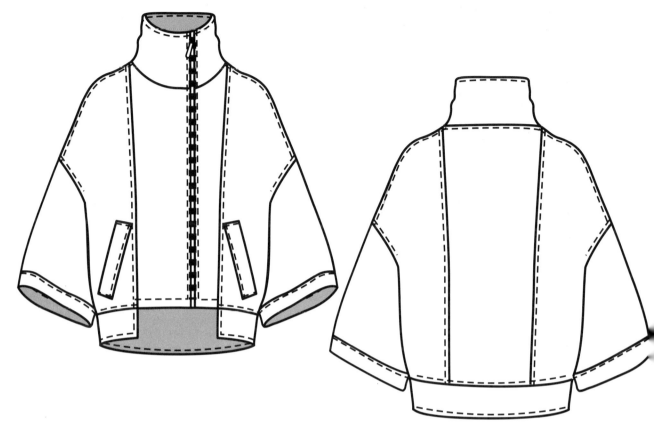

落肩不对称夹克

斜门襟机车马甲

斜门襟连衣袖上衣

青果领加腰带中长款上衣

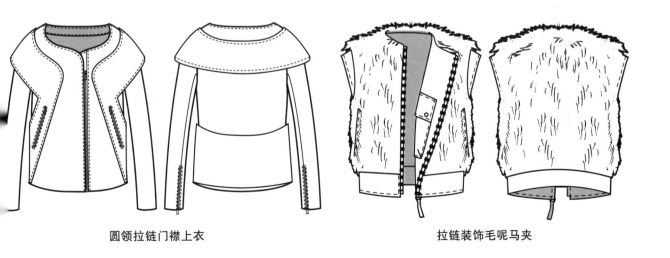

圆领拉链门襟上衣　　　　　拉链装饰毛呢马夹

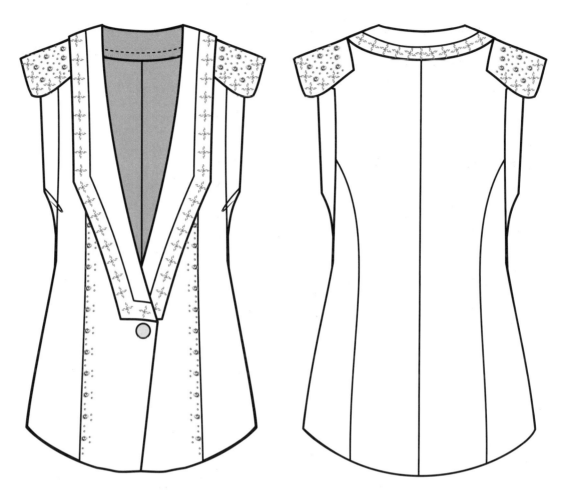

青果领中长款马甲

前胸立体造型夹克

无领不对称设计短款上衣

一字立领短款上衣

系带斗篷上衣

无领流苏装饰上衣

第七章

款式图设计
（X型）

收腰抽褶贴边长款上衣

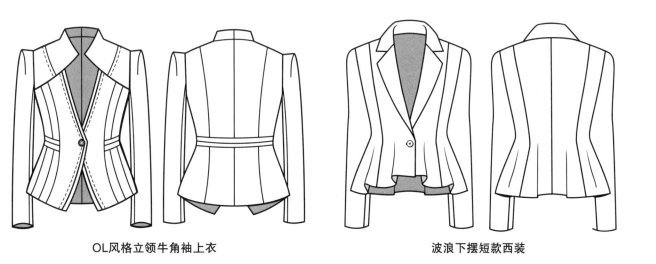

OL风格立领牛角袖上衣

波浪下摆短款西装

抽褶波浪下摆外套

分割抽褶西装外套

分割抽褶系腰带泡泡袖短款外套

分割拉链装饰七分袖夹克

分割西装外套

抽褶袖口腰带装饰外套

收腰条纹贴边宽松袖外套

立领翻折分割腰带缉线外套

宽松褶裥蝴蝶结睡袍式上衣

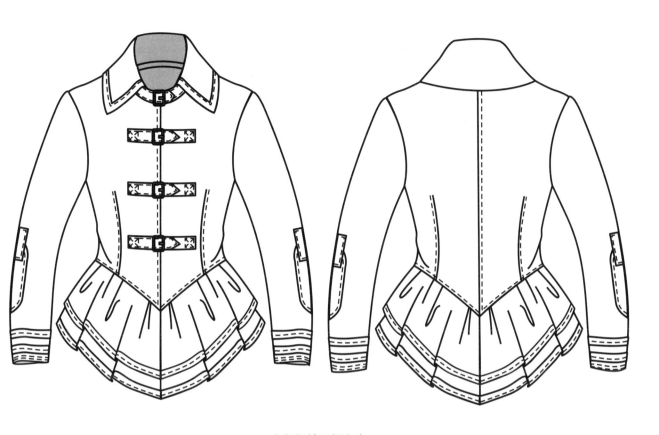

分割褶皱下摆上衣

立领底摆大波浪造型上衣　　　　无领无袖腰部花边装饰马夹

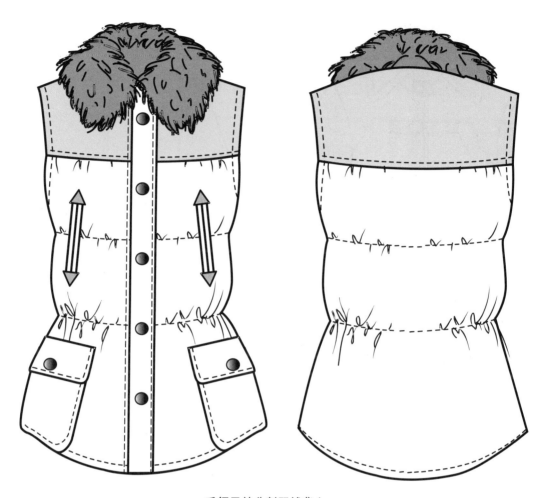

毛领无袖分割羽绒背心

前胸附装饰衣片外套

插肩袖收褶宽腰带外套

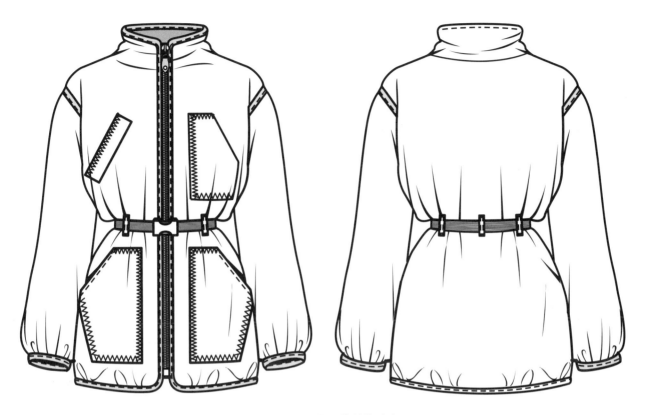

收腰抽褶立领大口袋装饰外套

收腰长款外套

定位花睡袍式外套

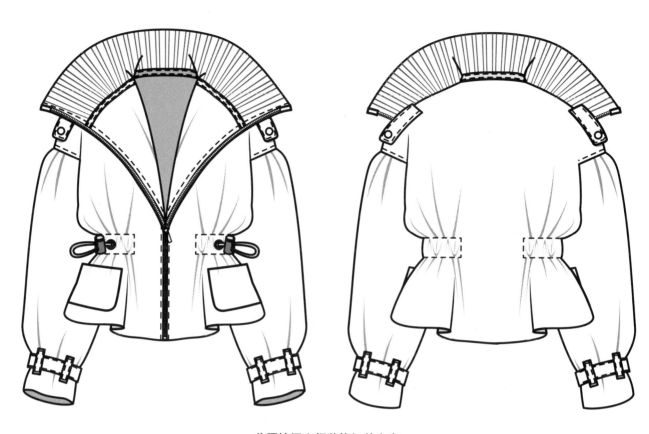

收腰抽褶立领装饰短款上衣

驳头翻转结构西服   驳头连立领收腰休闲上衣

收腰短款褶裥立领外套

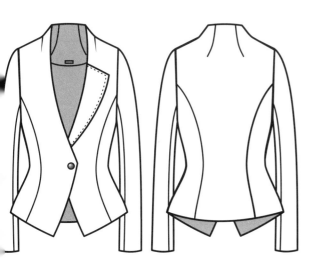

不对称结构公主线分割小西装

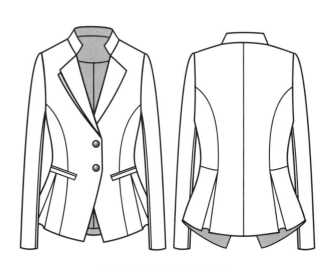

不对称立领下摆有褶上衣

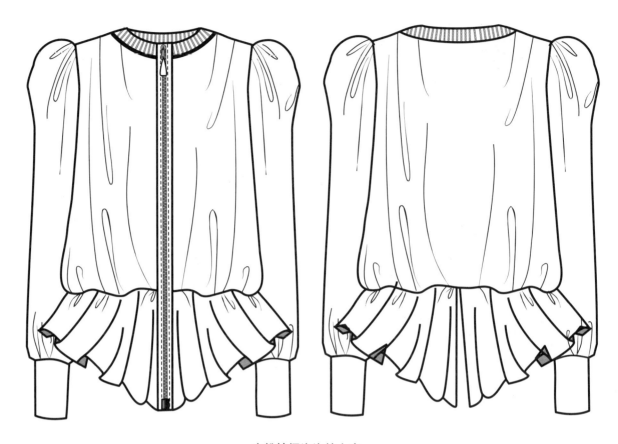

宽松抽褶泡泡袖上衣

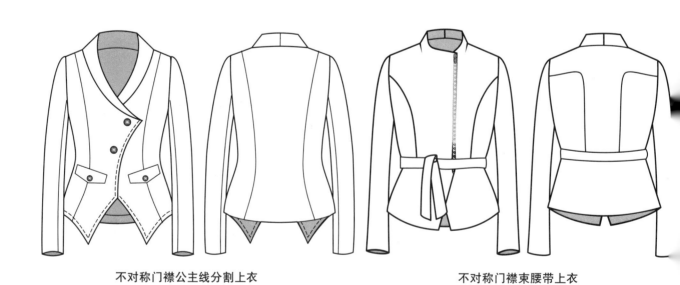

不对称门襟公主线分割上衣

不对称门襟束腰带上衣

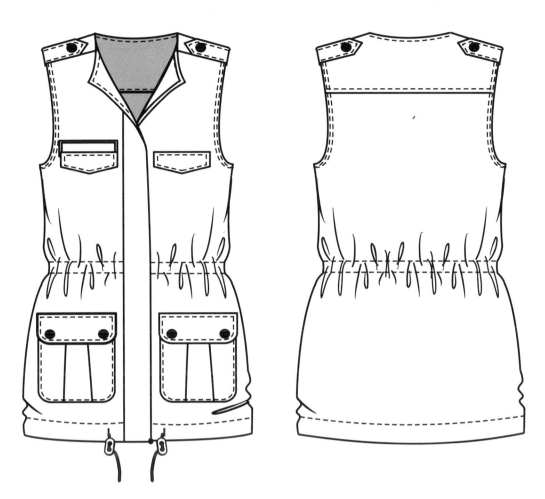

抽褶无袖夹克

立体罗纹领腰间系带长款上衣

底摆小波浪结构职业小西服

无袖上衣

翻驳领下摆带褶刀背分割上衣

衬衫领腰部横向分割休闲上衣

腰部褶裥分割无领外套

大口袋装饰下摆波浪褶上衣　　　　　　　收腰褶裥连袖外套

褶皱长款外套

收褶口袋装饰立领中长款外套　　　　领部流苏装饰束腰不对称外套

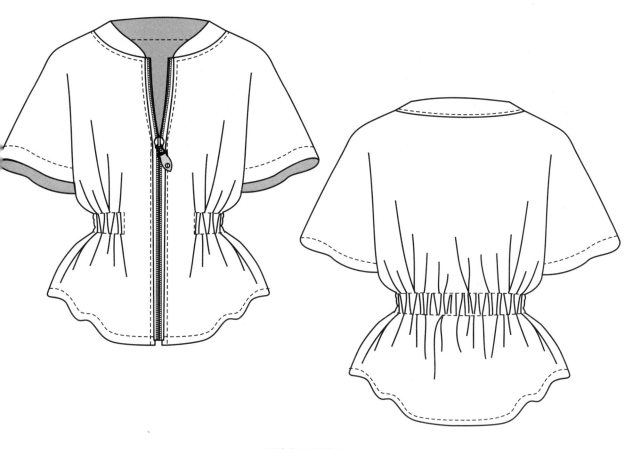

褶皱收腰短袖上衣

多层翻转分割大衣

衬衫领公主线分割收腰马甲

翻领波浪下摆休闲风格上衣

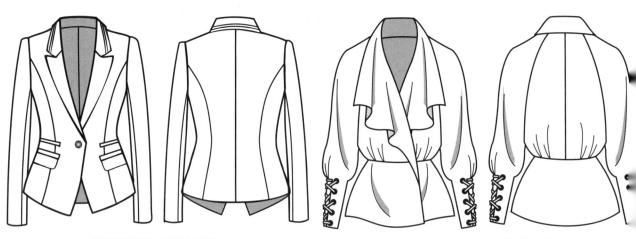

翻驳领腰间加口袋小西服　　　　　　波浪翻领收腰袖口绑带上衣

不对称波浪领双层束腰上衣

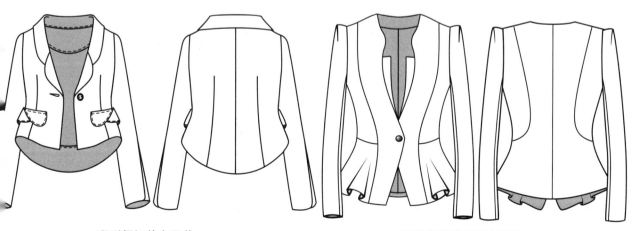

翻驳领短款小西装　　　　　　　双层领波浪下摆小西装

翻领波浪下摆上衣

立领有腰带长款马甲

翻驳领收腰长款上衣

长款收袖口腰间系带衬衫

翻驳领收腰开门襟长袖中长款外套　　　　　翻领腰间系带波浪褶下摆上衣

衬衫领波浪下摆上衣

翻领腰间系带休闲风格上衣　　　　　　　翻领收袖口下摆带褶上衣

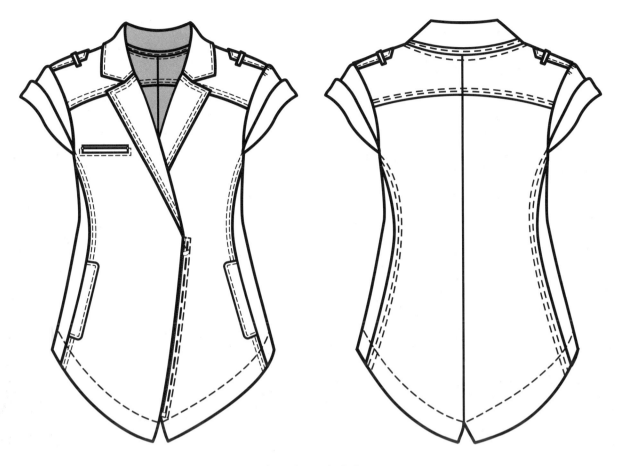

超短袖翻驳领上衣

翻领收腰分割中长款外套

肩部层叠腰部系带上衣

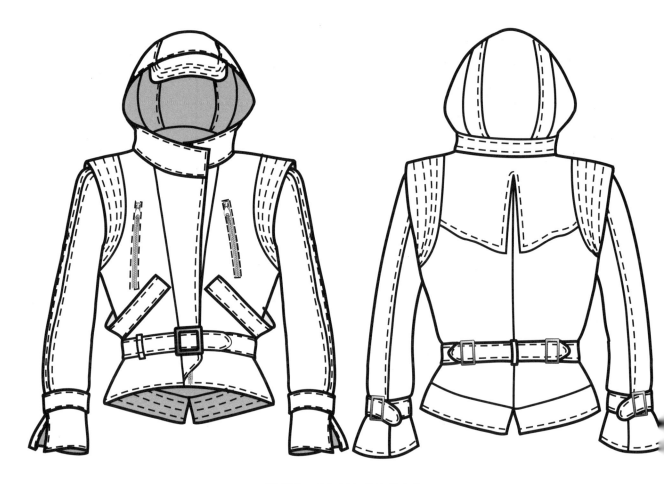

腰部袖口带扣襻短款连帽上衣

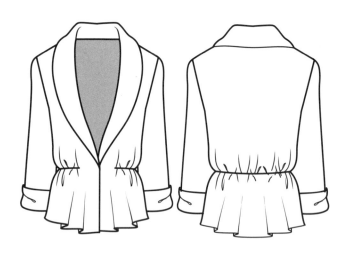

荷叶边下摆西装外套

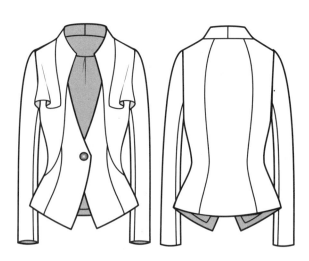

肩头波浪褶小西服

断腰节袖口绑带机车服

立领刀背分割口袋抽褶小西服

立领收腰落肩上衣

多袋盖装饰上衣

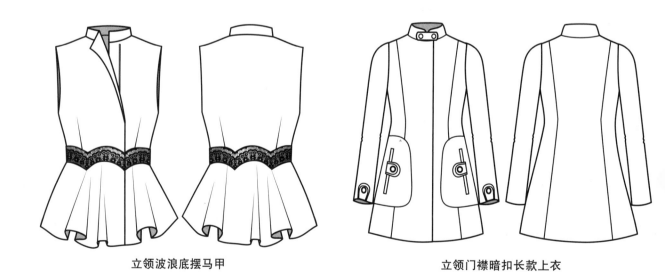

立领波浪底摆马甲

立领门襟暗扣长款上衣

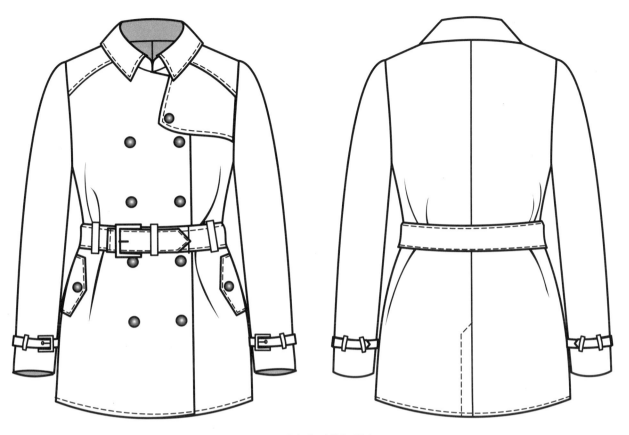

不对称造型休闲风衣

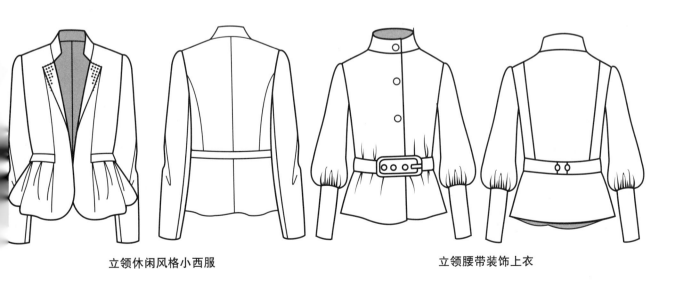

立领休闲风格小西服   立领腰带装饰上衣

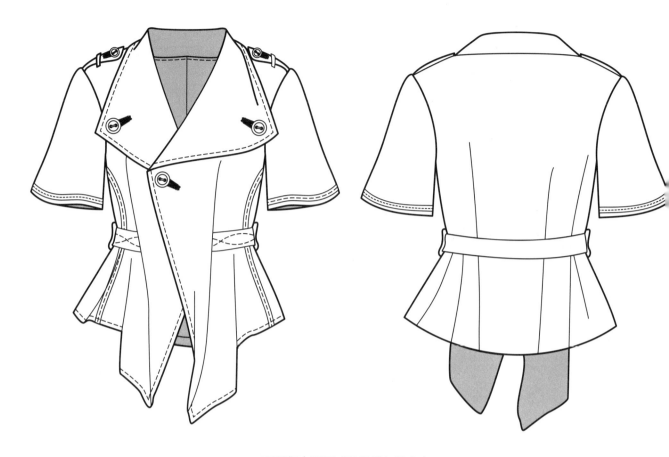

翻驳领束腰不对称门襟短袖上衣

立领偏门襟束腰上衣　　　　　　立领腰部横向分割大口袋装饰上衣

立领腰间系带休闲上衣

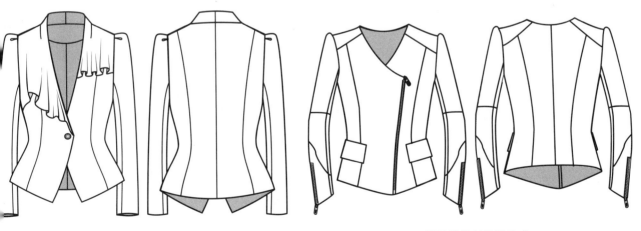

泡泡袖不对称波浪小西服

斜门襟分割装饰外套

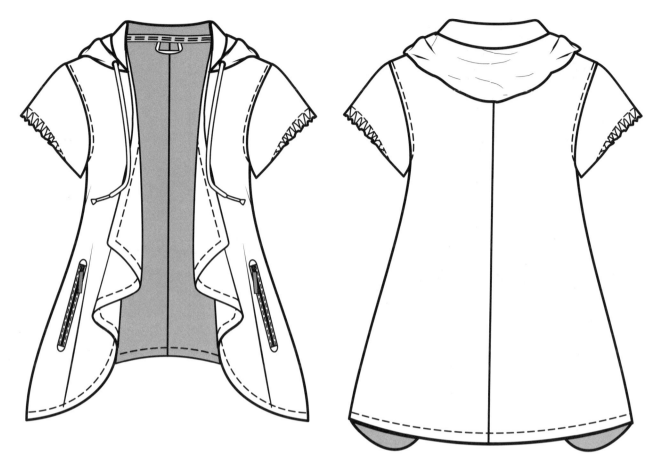

波浪门襟连帽马甲

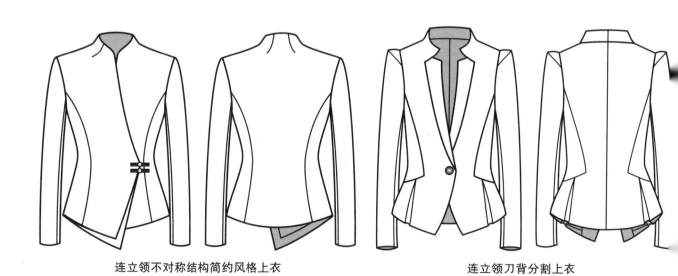

连立领不对称结构简约风格上衣　　　　　　　　连立领刀背分割上衣

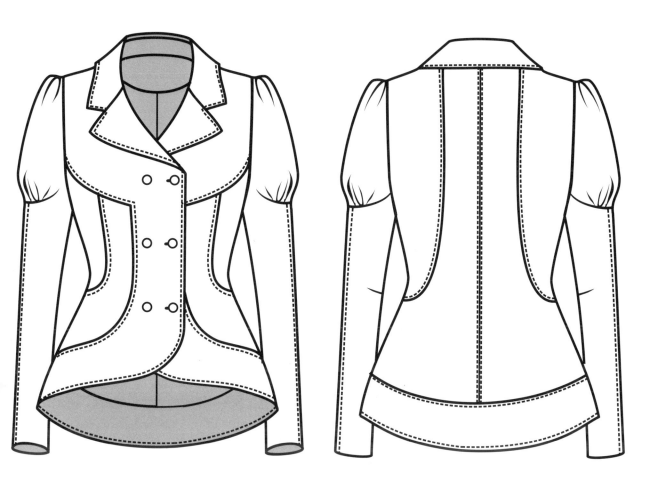

弧形分割羊腿袖合体上衣

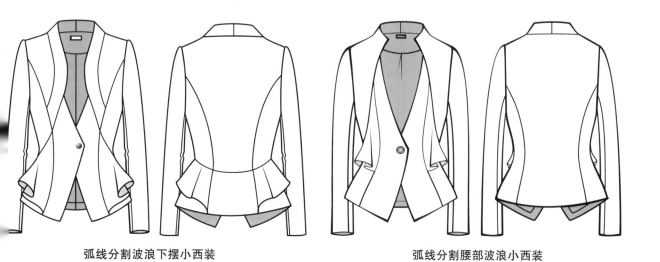

弧线分割波浪下摆小西装　　　　　　　弧线分割腰部波浪小西装

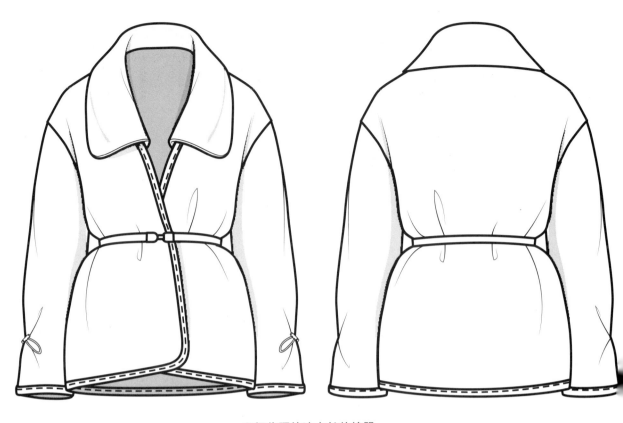

翻领收腰简洁中长款棉服

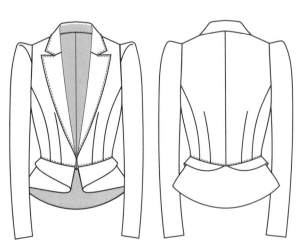

翻驳领翻折褶装饰小西服

领口翻折波浪下摆小西装

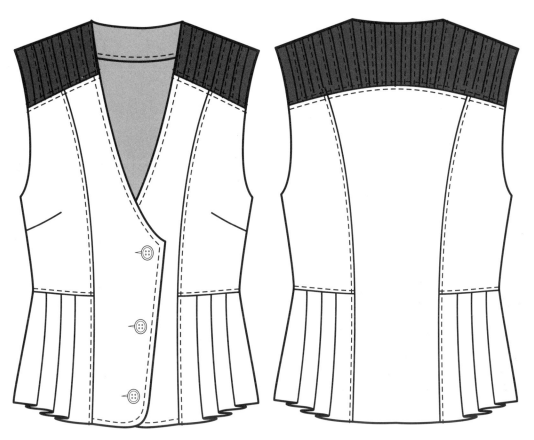

无领叠褶装饰马甲

领面波浪不对称设计外套

翻驳领收袖口收腰休闲上衣

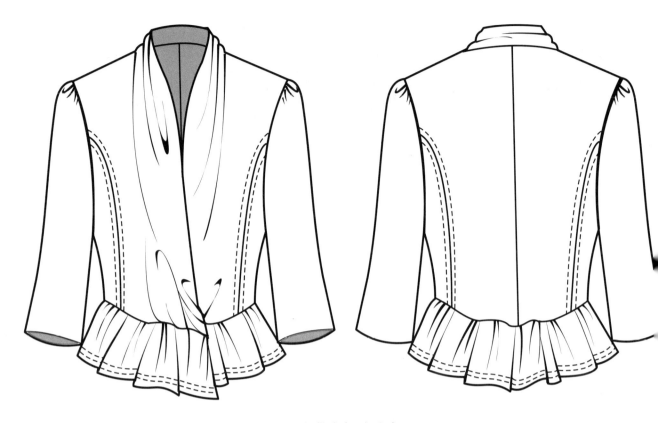

堆领带波浪下摆上衣

牛角袖立领休闲小西服　　　　　　　泡泡袖女外套

青果领短袖马甲

青果领腰部横向分割休闲小西服   立领口袋褶裥下摆小西服

立领褶裥腰带装饰长款上衣

青果领含抽带装饰上衣　　　　立领波浪下摆上衣

立领分割抽褶加厚背心

塔克收腰衬衫式外套　　　　　　　　无领插肩袖下摆有褶上衣

无领分割线长款上衣

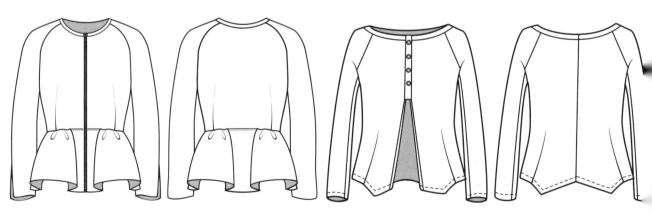

无领底摆规则波浪造型上衣　　　　　　　　　无领前门襟开衩上衣

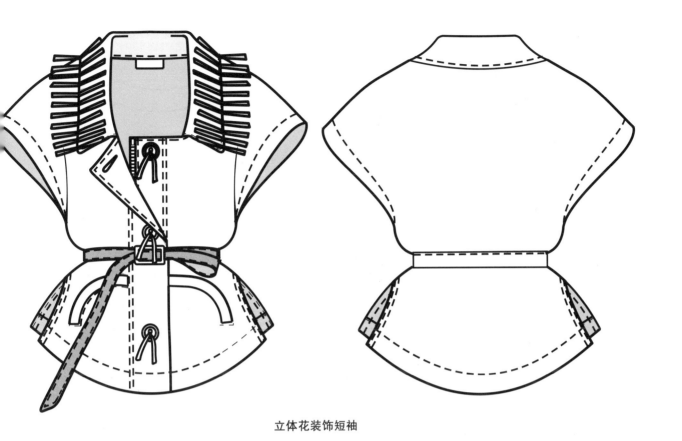

立体花装饰短袖

无领短袖上衣　　　　　　　　　连立领波浪下摆小西装

无领腰间系带休闲上衣

连立领休闲风格小西服

波浪下摆腰间横向分割上衣

无领收腰七分袖宽松型上衣

门襟层叠设计小西装

无领系腰带上衣

无袖褶皱装饰马甲

无领多分割线造型束腰上衣

门襟层叠翻折小西装

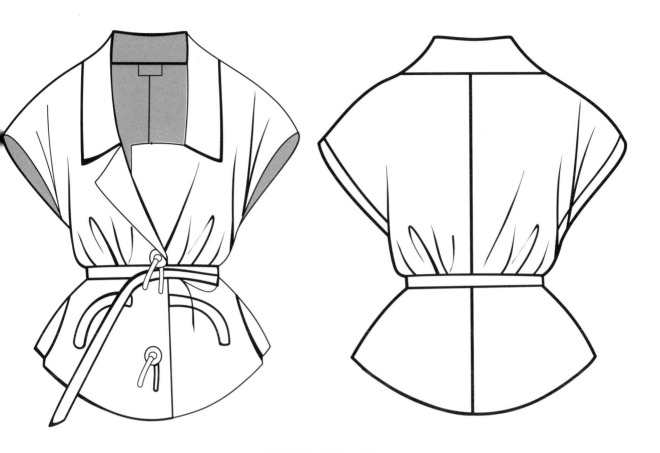

两用领腰间系带上衣

翻领褶皱下摆马甲

无领收腰带扣襻上衣

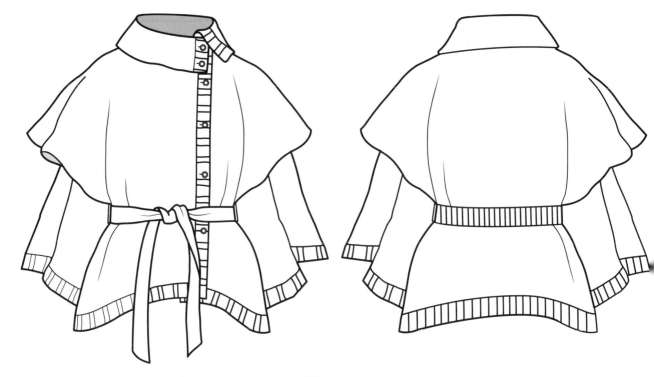

腰间系带下摆带褶上衣

双排扣长款上衣

无领休闲长款马甲

束腰波浪下摆上衣

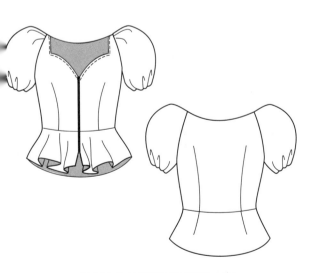

无领泡泡袖褶皱下摆短款上衣

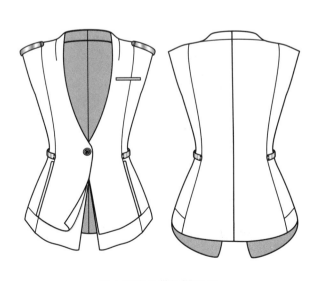

连立领肩头带扣襻马甲

领口抽褶小波浪下摆上衣

腰部横向分割翻驳领小西装　　　　　　　　　无领下摆加波浪马甲

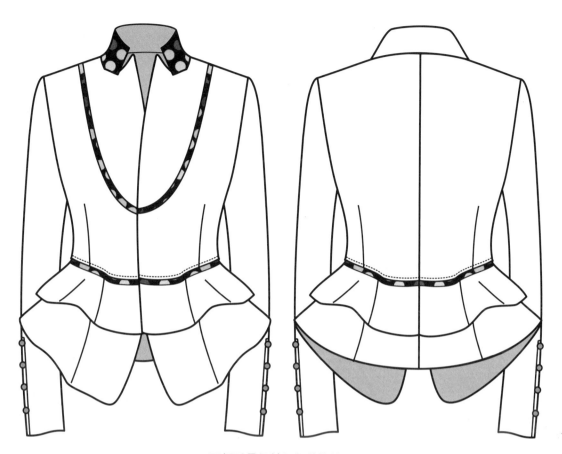

下摆重叠褶皱纽扣装饰袖口上衣

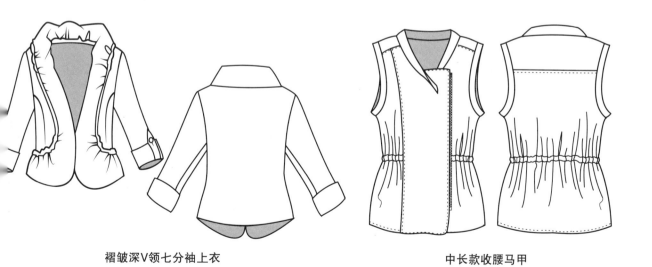

褶皱深V领七分袖上衣

中长款收腰马甲

无领腰部系蝴蝶结装饰外套

圆领波浪袖口系腰带短袖上衣

立体褶下摆长袖上衣

无领公主分割上衣

大波浪下摆短袖上衣

圆摆喇叭袖上衣

第八章

款式图设计
（组合型）

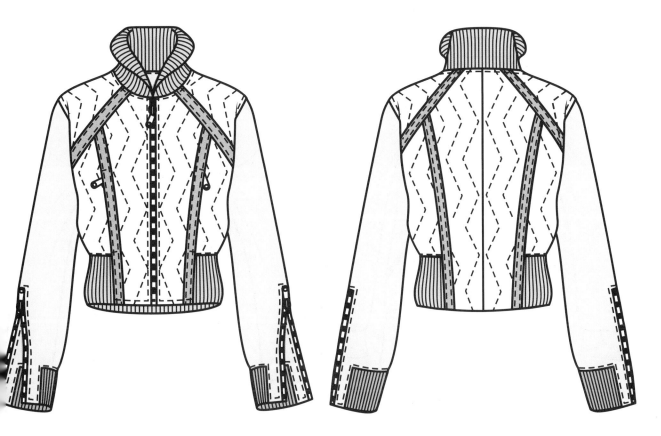

立领分割花纹罗纹收口短款夹克

侧缝收腰抽褶马甲

波浪领收腰编织袖子长款上衣

连帽抽褶插肩分割上衣

插肩袖运动型上衣

大波浪波西米亚风格上衣

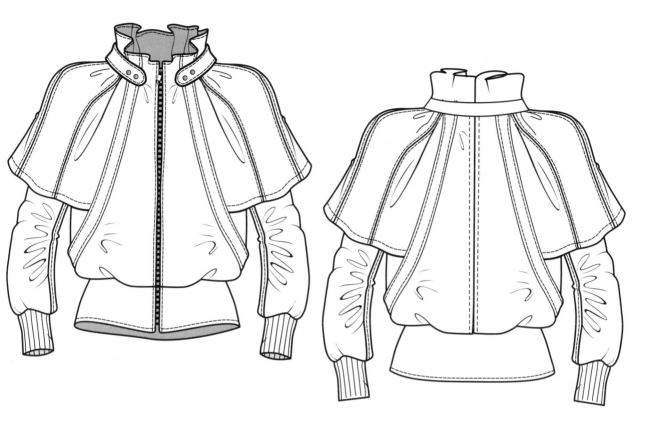

波浪领口领子带扣襻休闲风格上衣

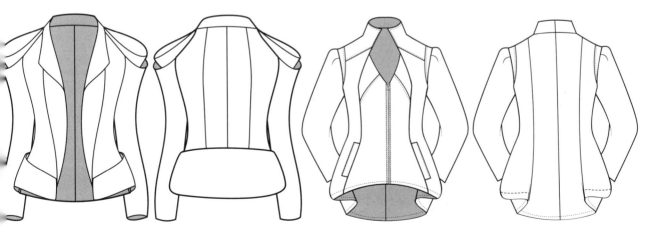

休闲翻折小西服　　　　　　　　连立领多分割造型上衣

腰间系带波浪下摆马甲

波浪翻领门襟带扣双层上衣

翻领波浪下摆上衣

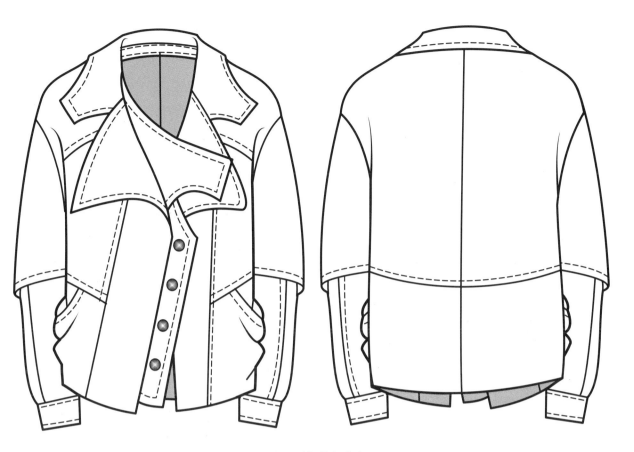

大翻驳领休闲上衣

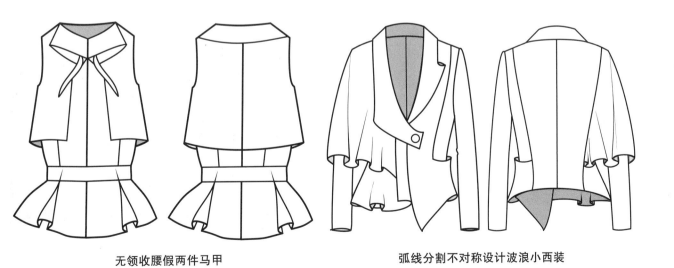

无领收腰假两件马甲

弧线分割不对称设计波浪小西装

大翻领胸前带波浪休闲长款上衣

泡泡袖门襟带扣襻上衣

立领不对称上衣

分割线无袖牛仔服

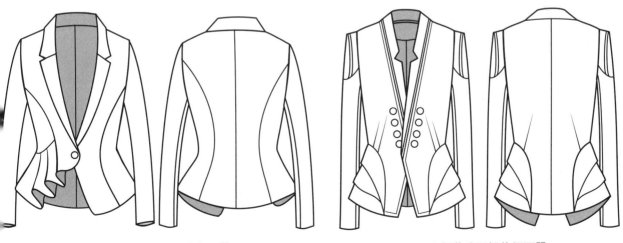

波浪下摆不对称设计小西装

立领花边下摆休闲西服

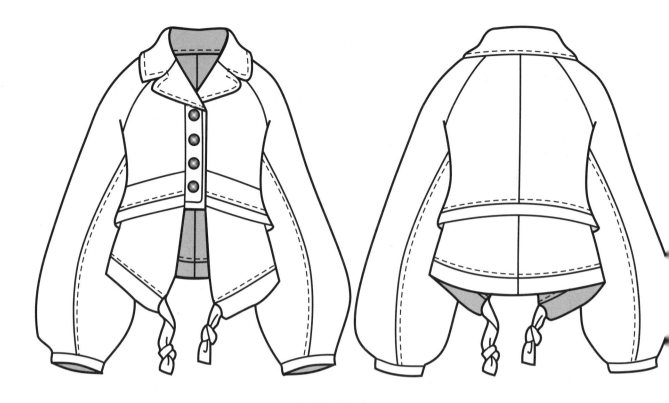

翻驳领休闲大袖上衣

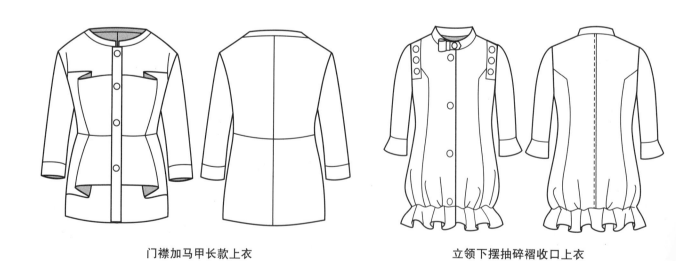

门襟加马甲长款上衣

立领下摆抽碎褶收口上衣

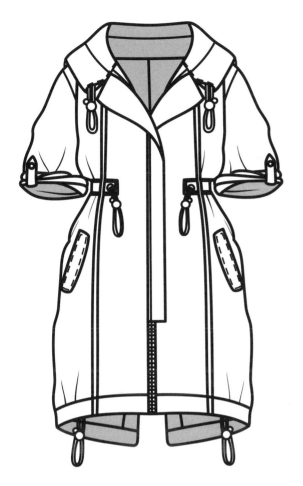
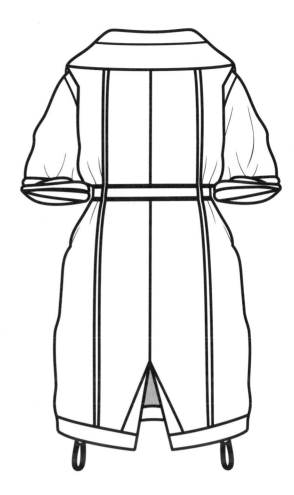

休闲系带中长款风衣

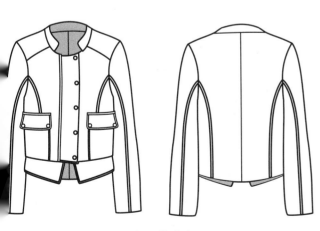

立领短款夹克

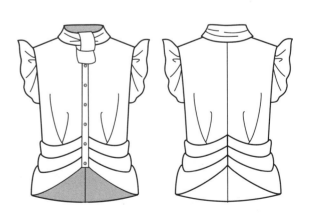

立领花边短袖

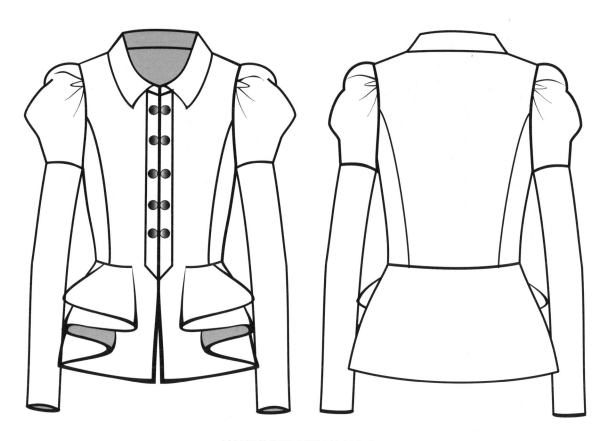

衬衫领羊腿袖底摆波浪褶上衣

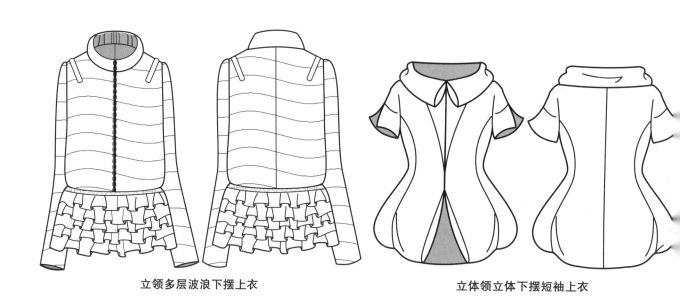

立领多层波浪下摆上衣　　　　　　　　　　立体领立体下摆短袖上衣

宽松休闲款带波浪褶装饰上衣

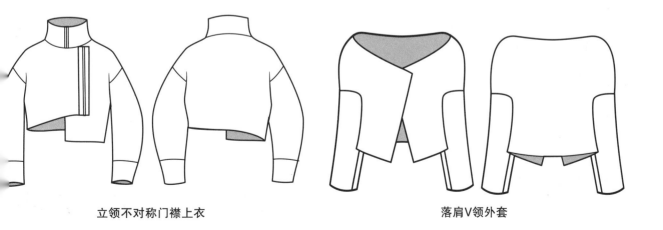

立领不对称门襟上衣

落肩V领外套

立领门襟带扣宽下摆休闲长款上衣

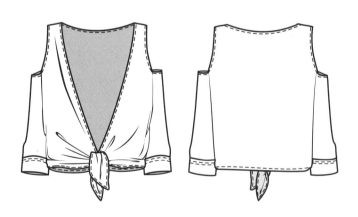

露肩腰部系结上衣

无领无袖流苏下摆背心

立领下摆抽碎褶上衣

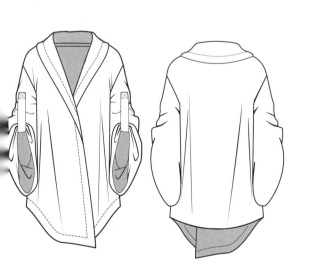

落肩袖带褶休闲长款上衣

门襟缠绕衬衫

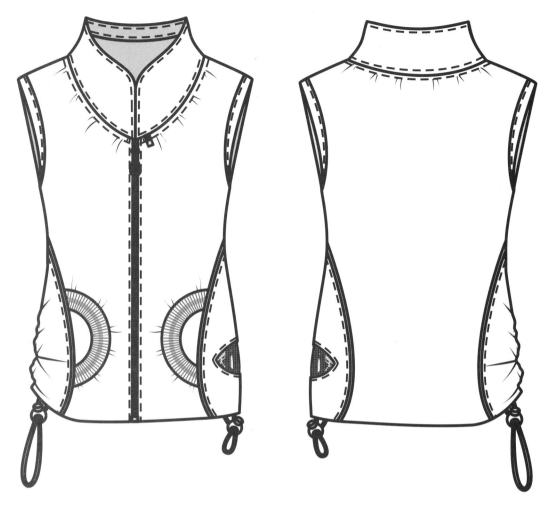

立领抽褶拉链收口背心

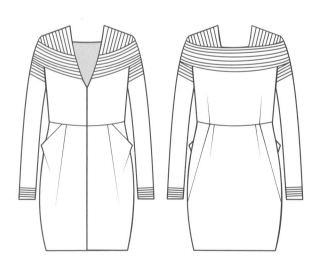

条纹装饰立体口袋长款上衣

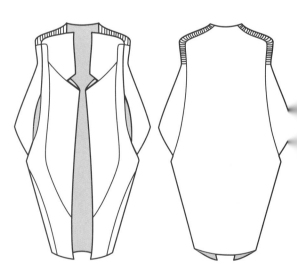

无领立体造型长款上衣

立领大波浪造型上衣

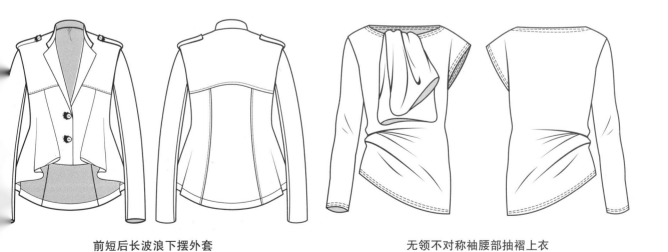

前短后长波浪下摆外套

无领不对称袖腰部抽褶上衣

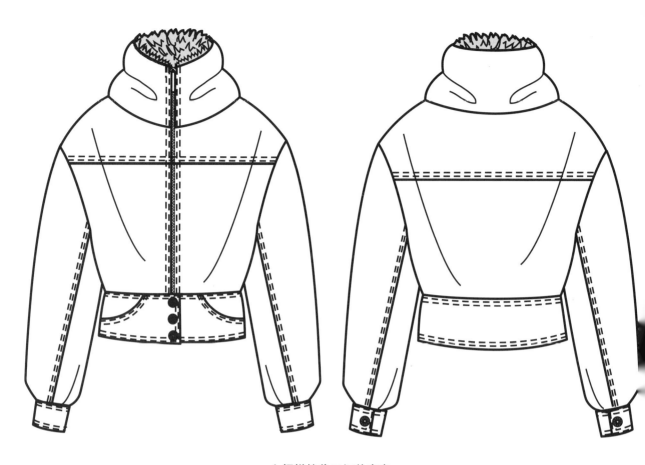

立领拼接收口短款夹克

无领大口袋长款上衣

无领抽褶袖上衣

无领波浪下摆公主袖上衣

立领收袖口假两件上衣

低腰系带休闲夹克

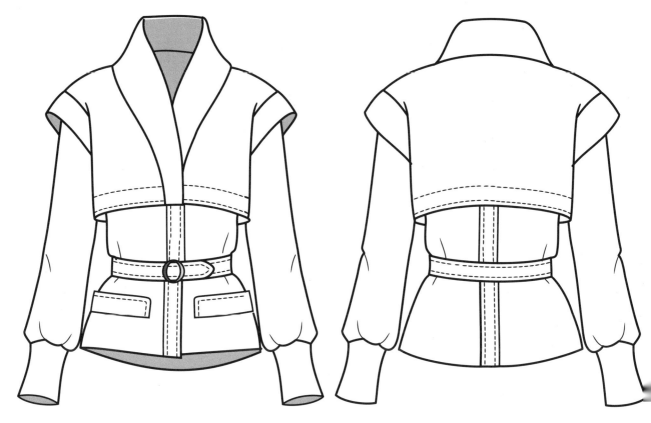

立领收袖口假两件上衣

无领灯笼袖口短款上衣

无领连肩袖肩部加波浪层上衣

连帽系带装饰休闲上衣

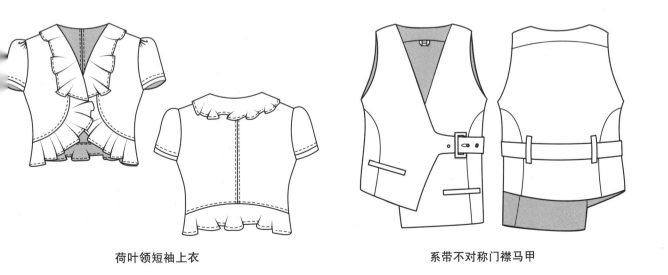

荷叶领短袖上衣

系带不对称门襟马甲

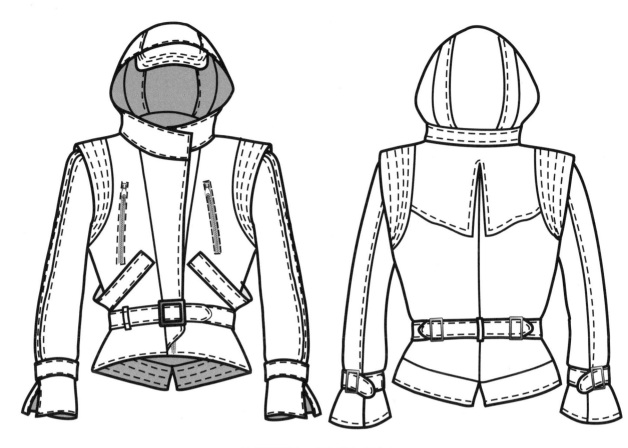

连帽腰部袖口带扣襻短款上衣

大翻领双排扣长款上衣

收腰设计长马甲

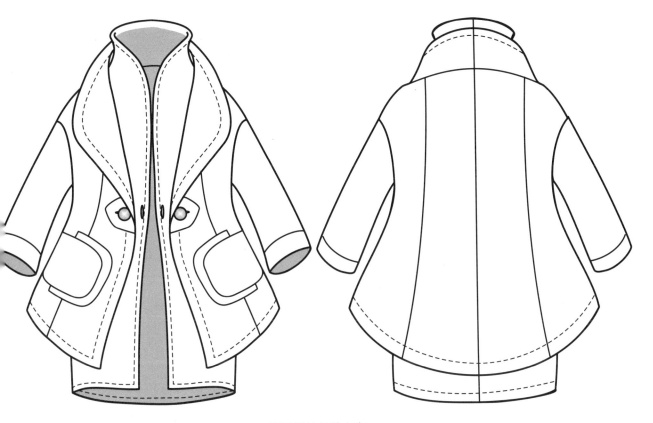

双层设计长款上衣

圆领连衣袖外套

一字立领下摆带褶休闲上衣

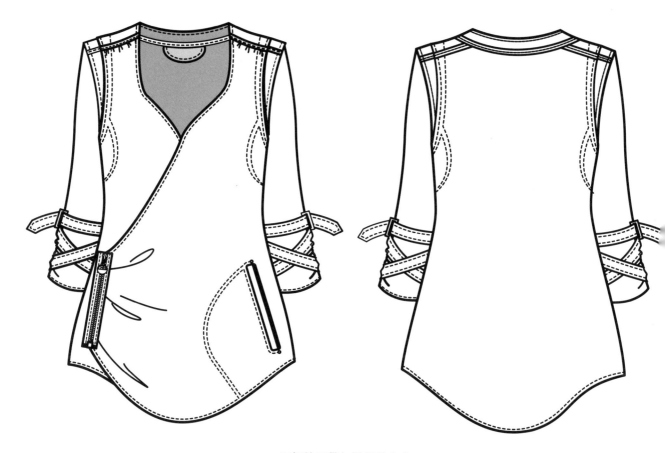

无领袖口带扣襻长款上衣

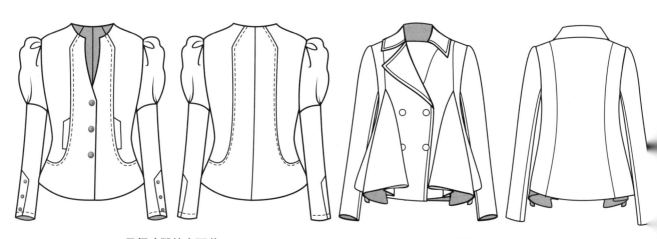

无领鸡腿袖小西装　　　　　　　　　纵向分割线加大波浪造型上衣

翻领下摆系带宽松型上衣

分割假两件夹克

层叠贴袋马甲

腰带设计长款上衣

大领半门襟抽褶插肩袖运动上衣　　　　短款缉线简洁休闲上衣

第九章

细节图设计

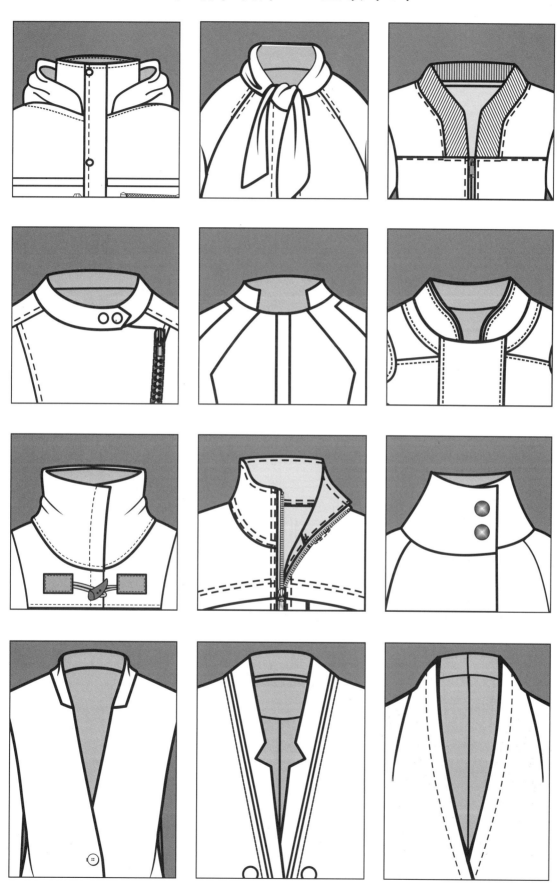

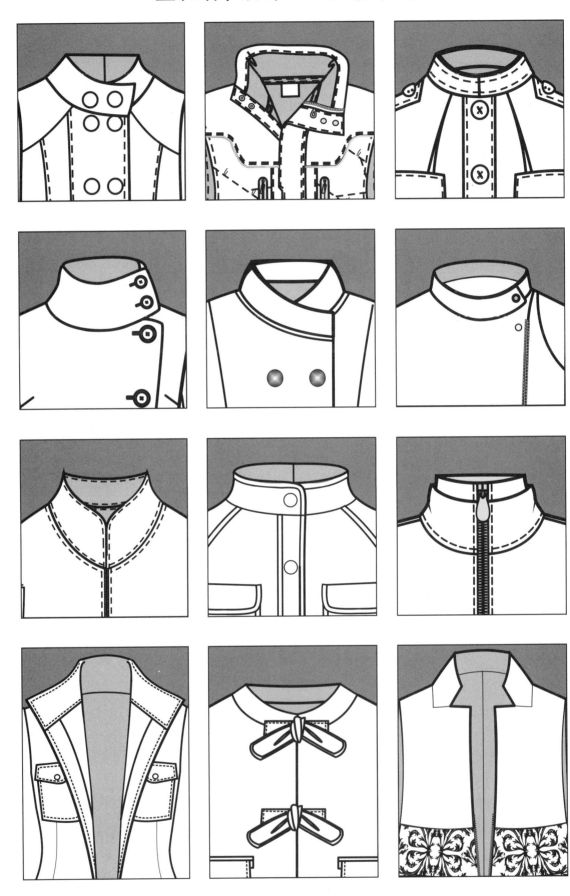

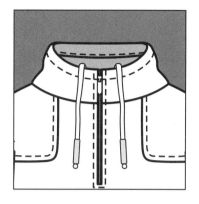
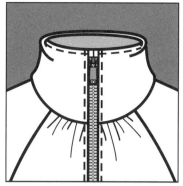
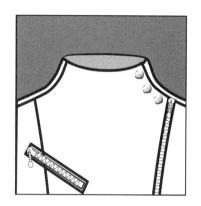
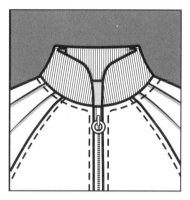
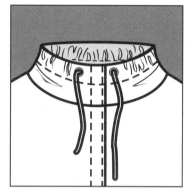
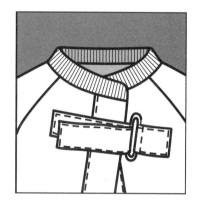
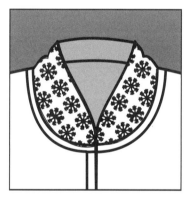
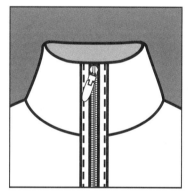
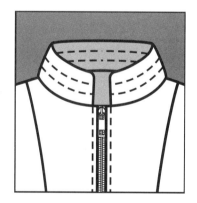
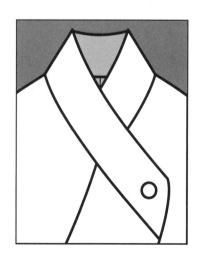
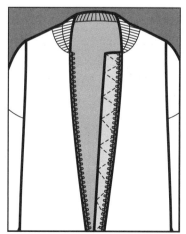
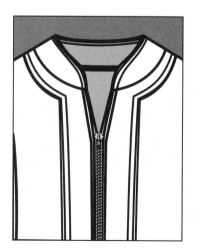

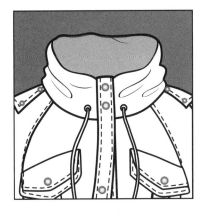
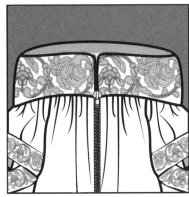
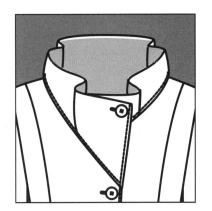
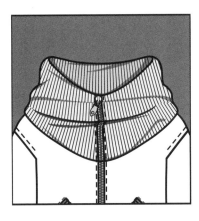
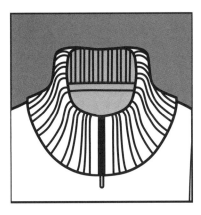
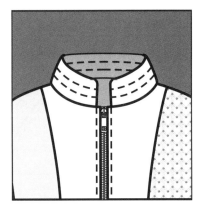
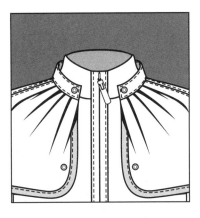
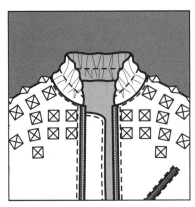

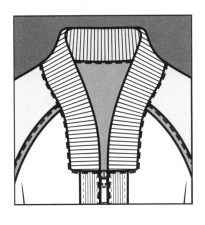
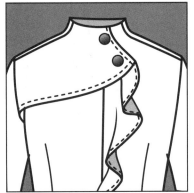

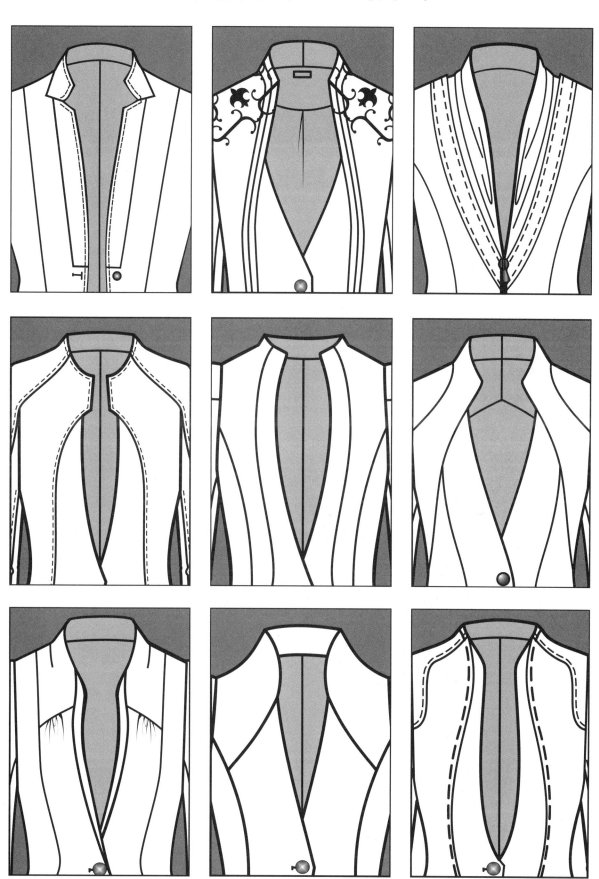

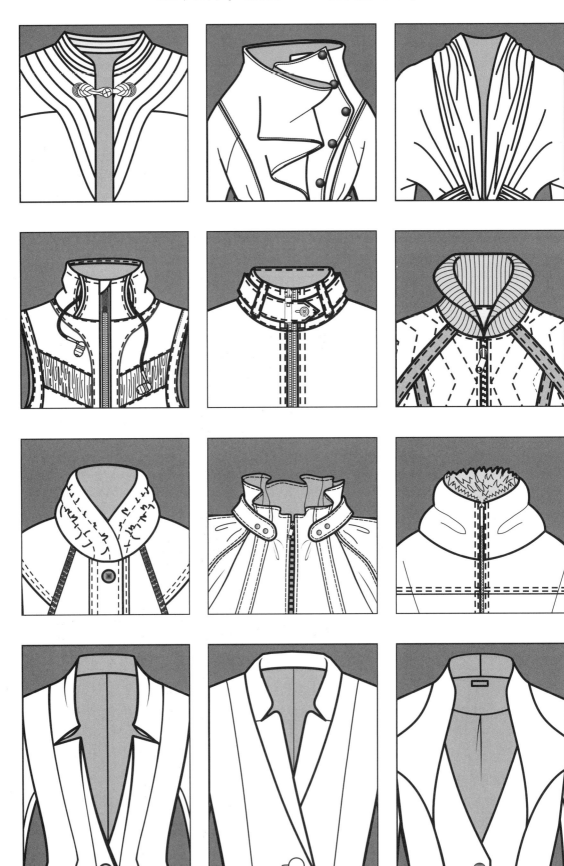

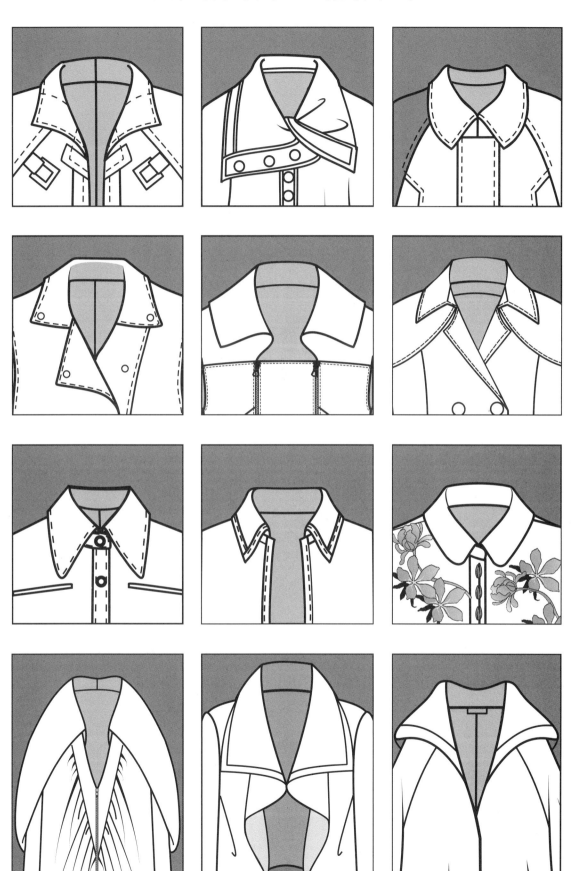

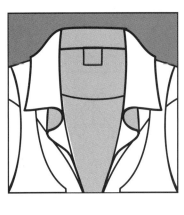
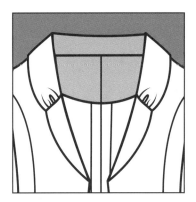
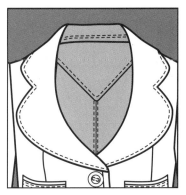
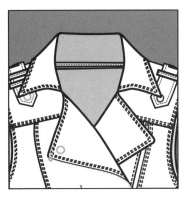
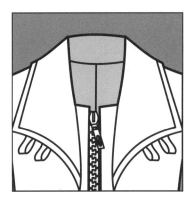
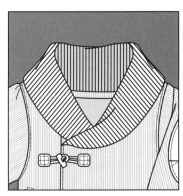

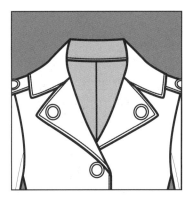
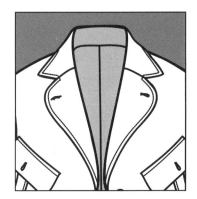
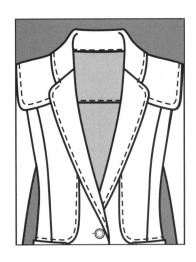
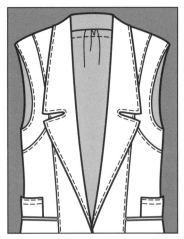

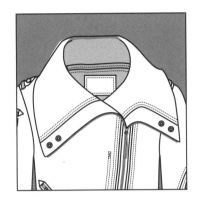
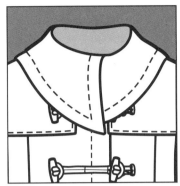
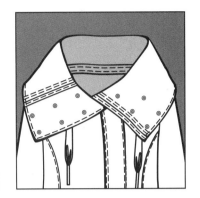

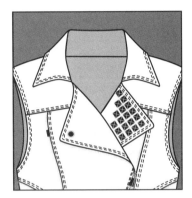

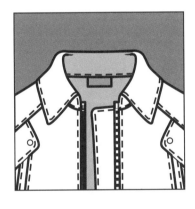
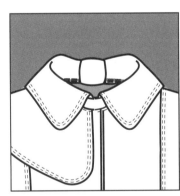
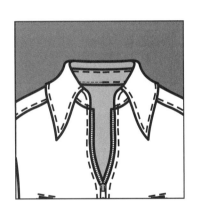

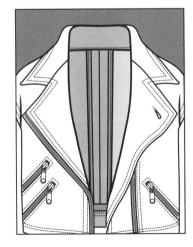
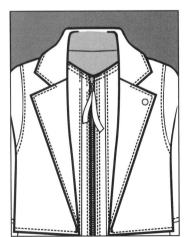

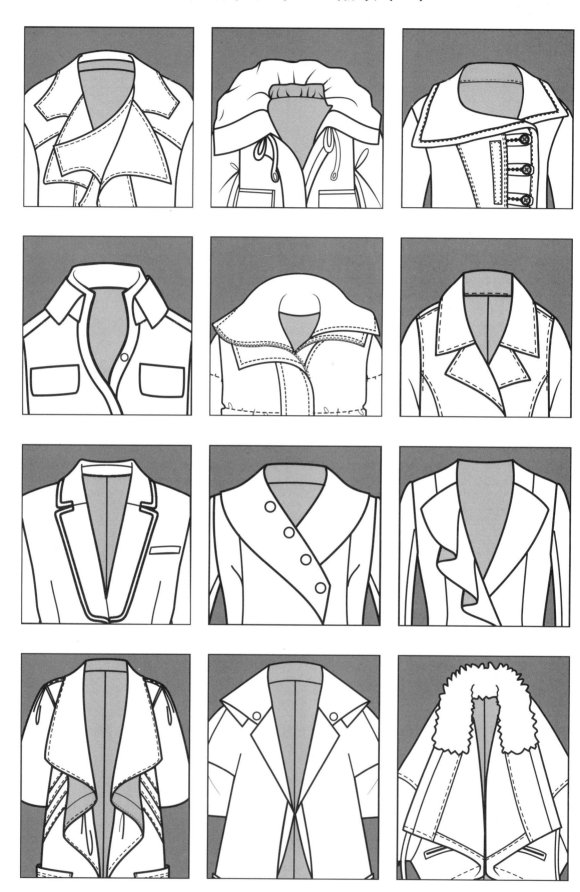

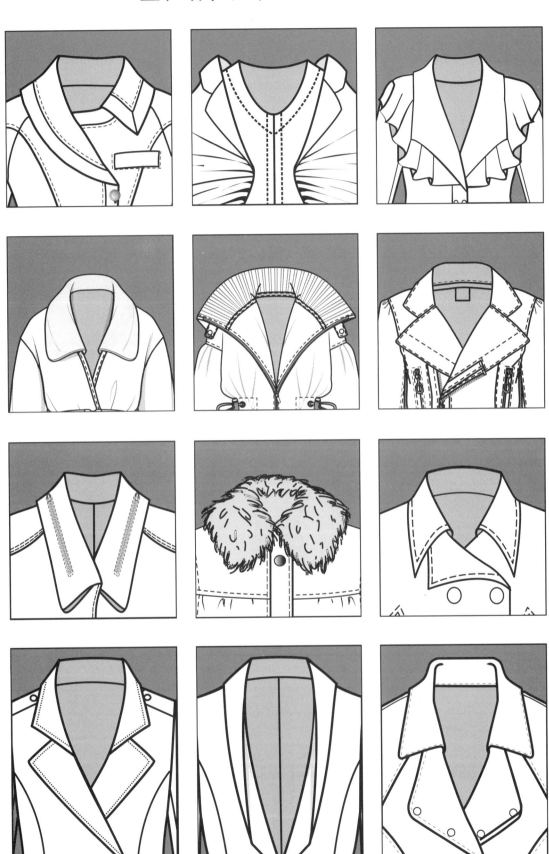

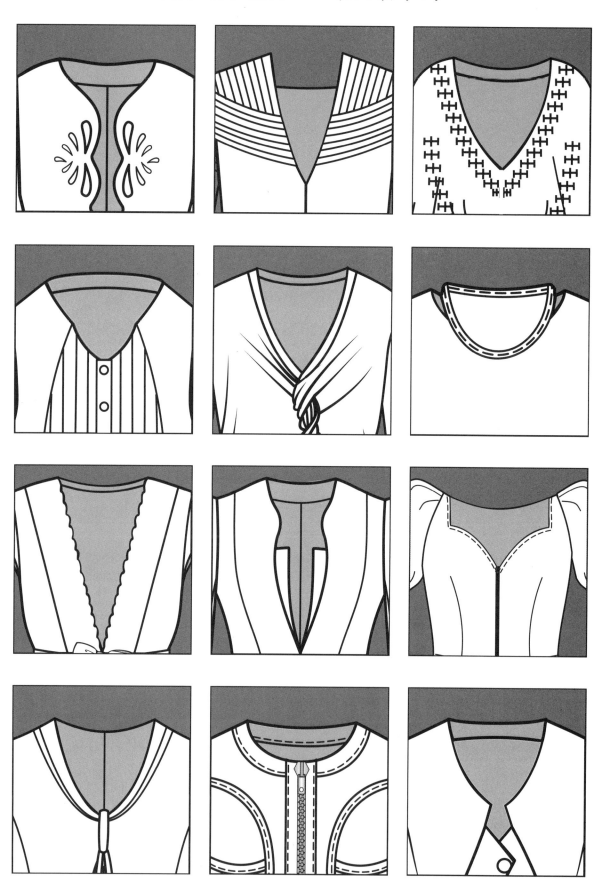

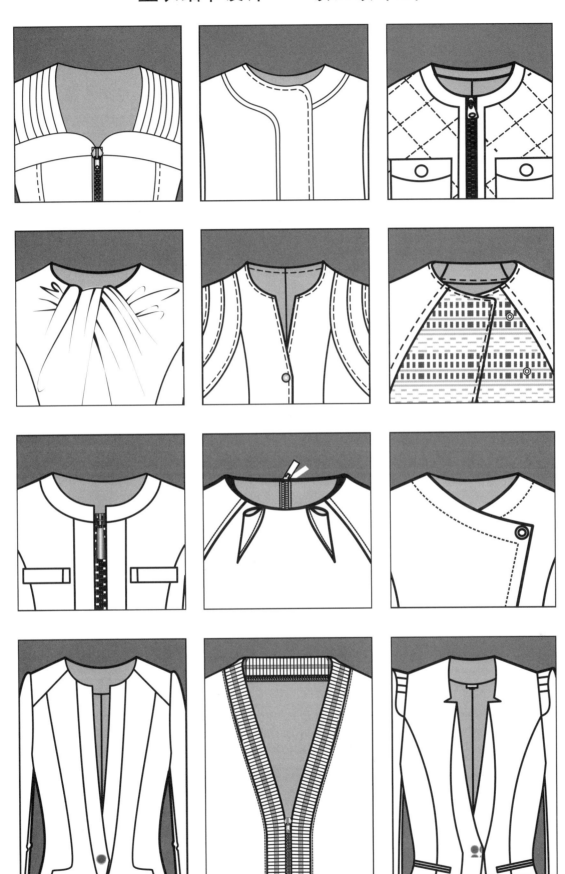

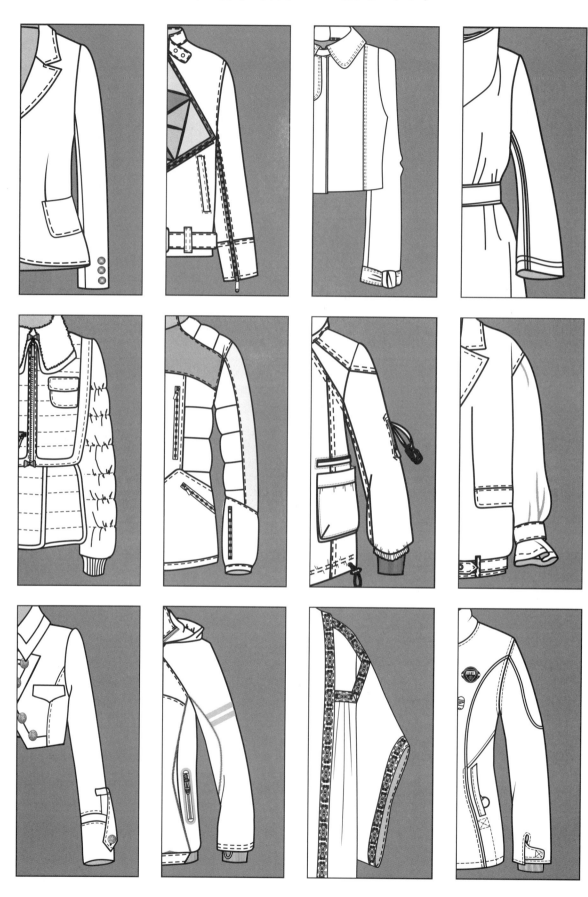

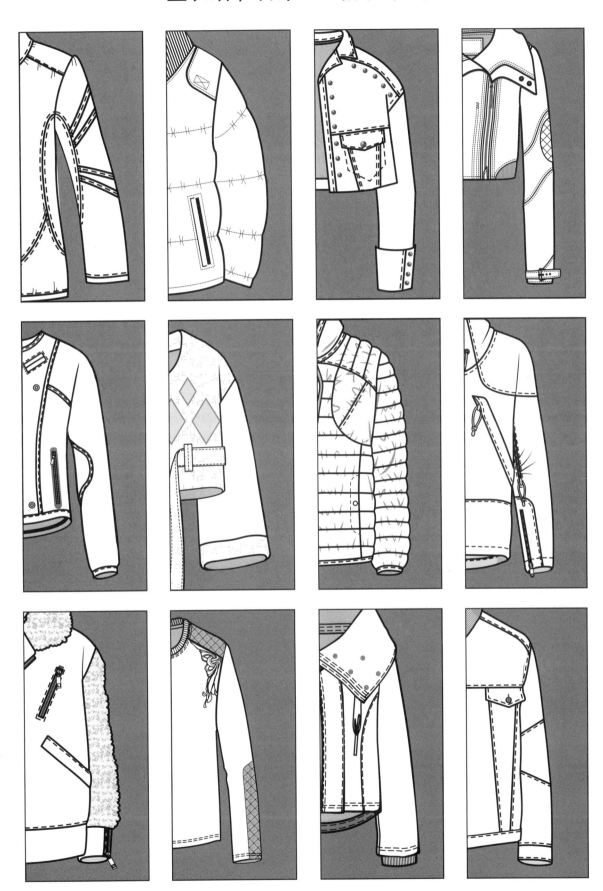

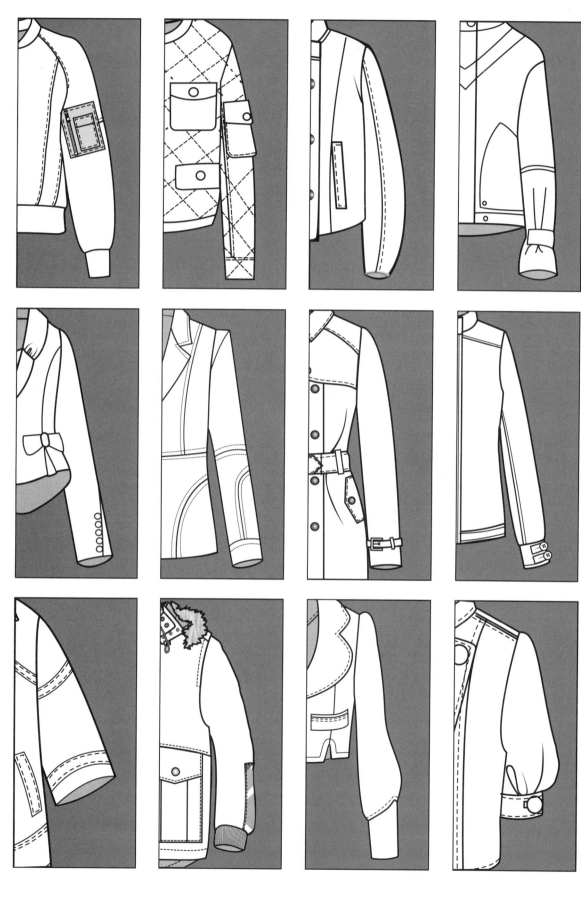

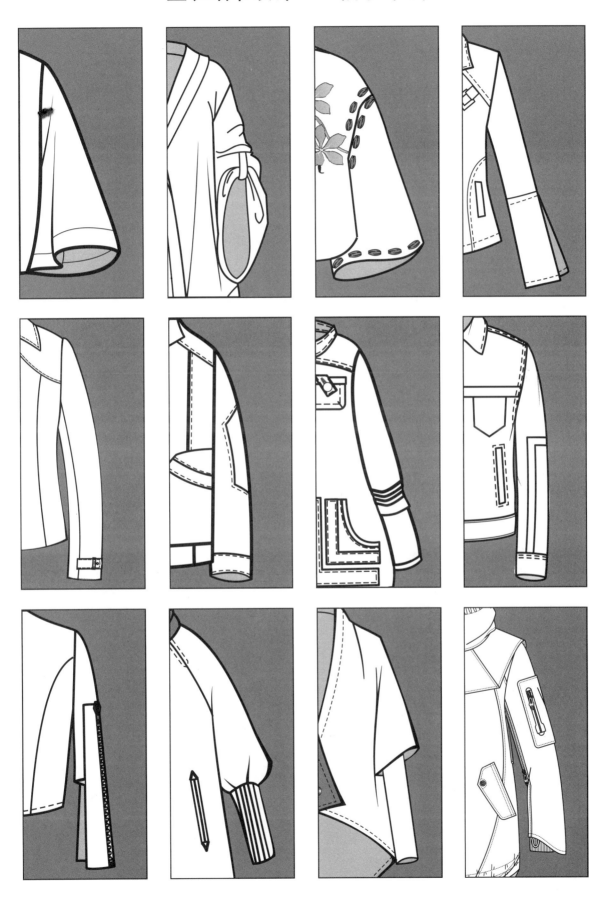

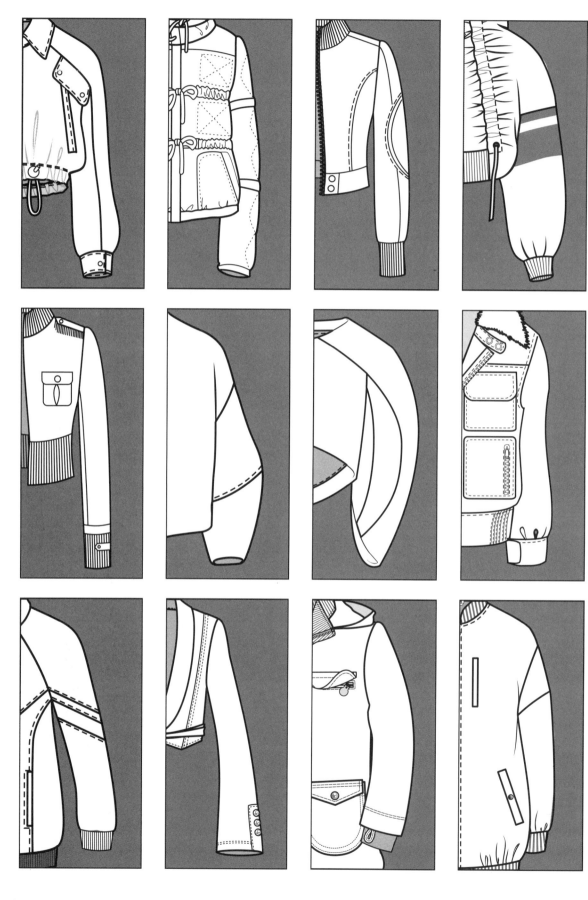

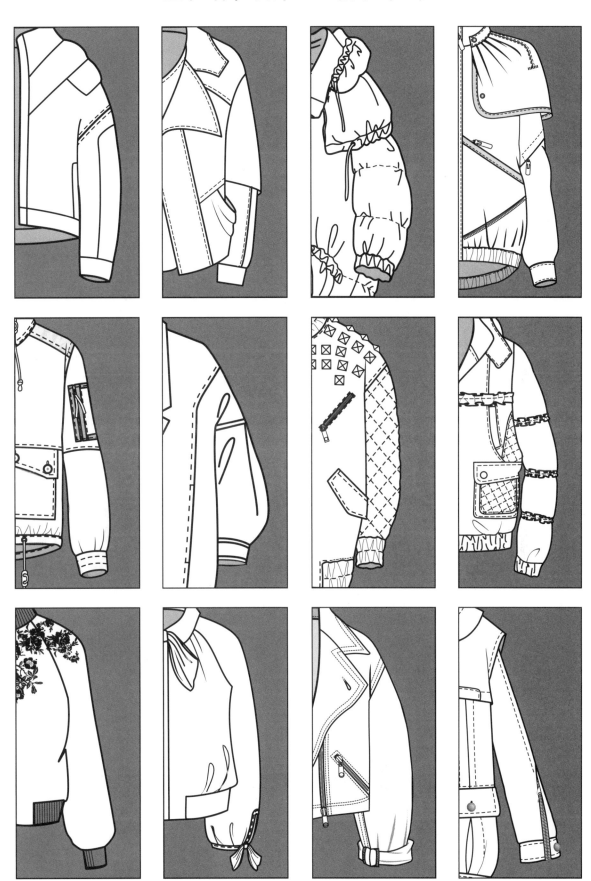

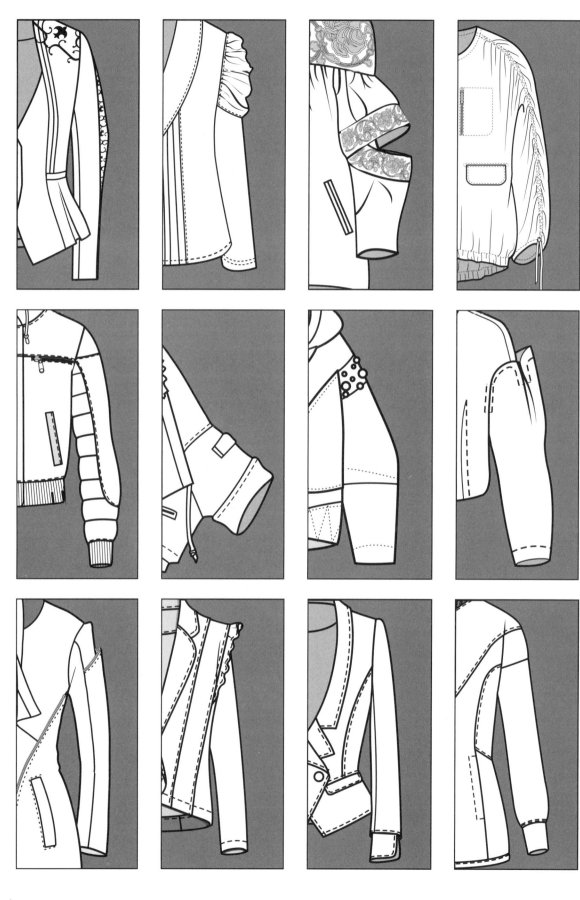

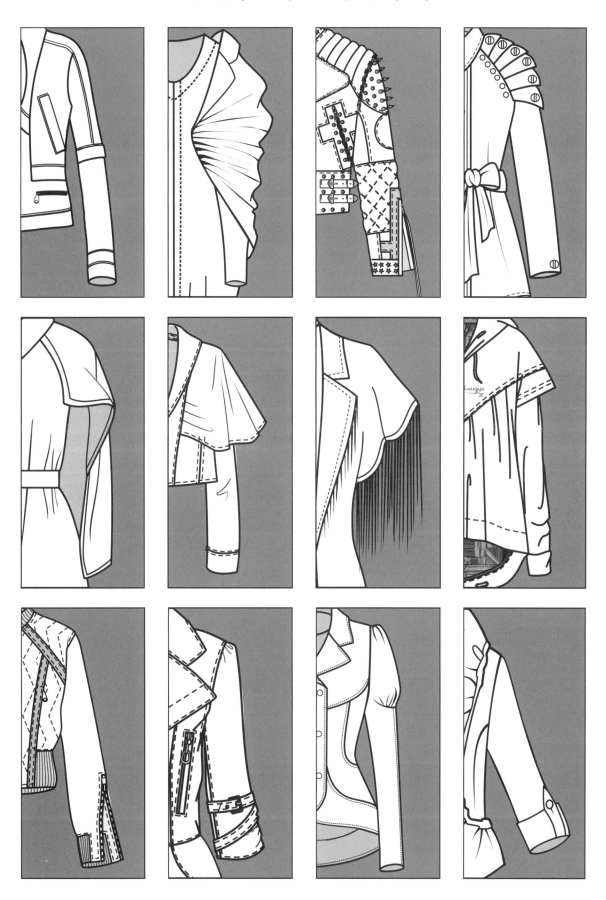

第十章

彩色系列款式图设计

THE BUTTERFLY

面料小样

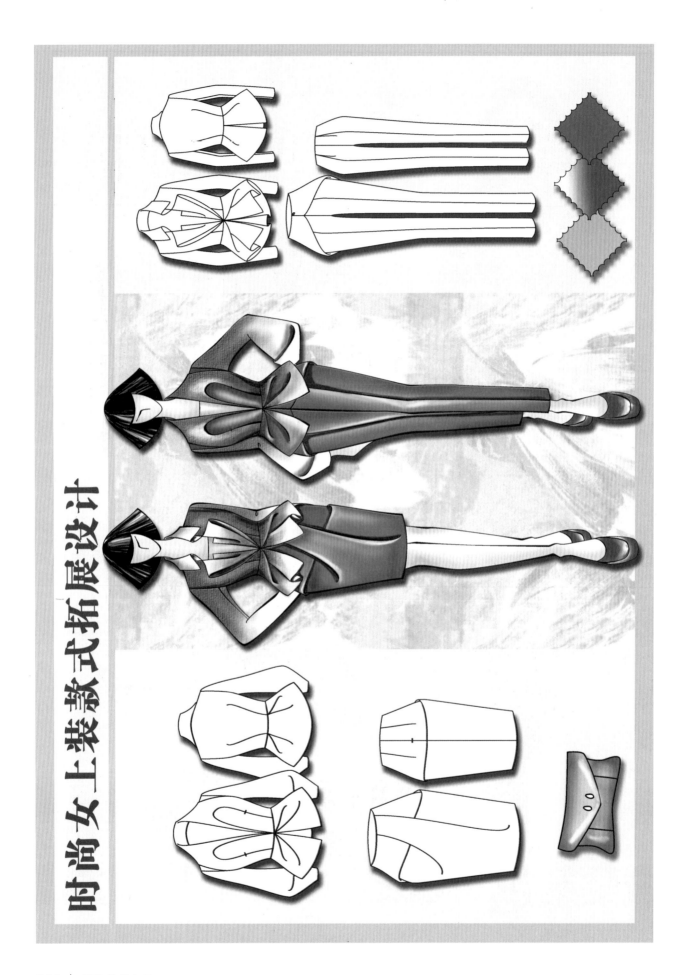

面料小样

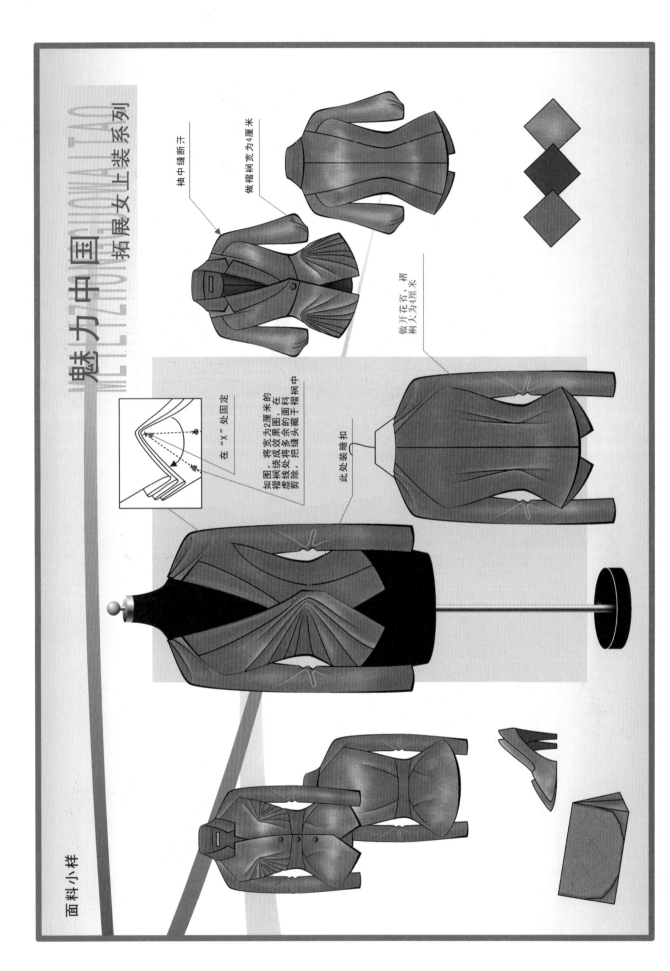

魅力中国 MEILIZHONGGUOWAITAO 拓展女上装系列

面料小样

袖中缝断开

做褶裥宽为4厘米

做开花省，褶裥大为4厘米

在"X"处固定

如图，将宽为2厘米的褶裥绕线缝，在虚线处将多余面料的缝头藏于褶裥中剪除，把缝头藏于褶裥中

此处装暗扣

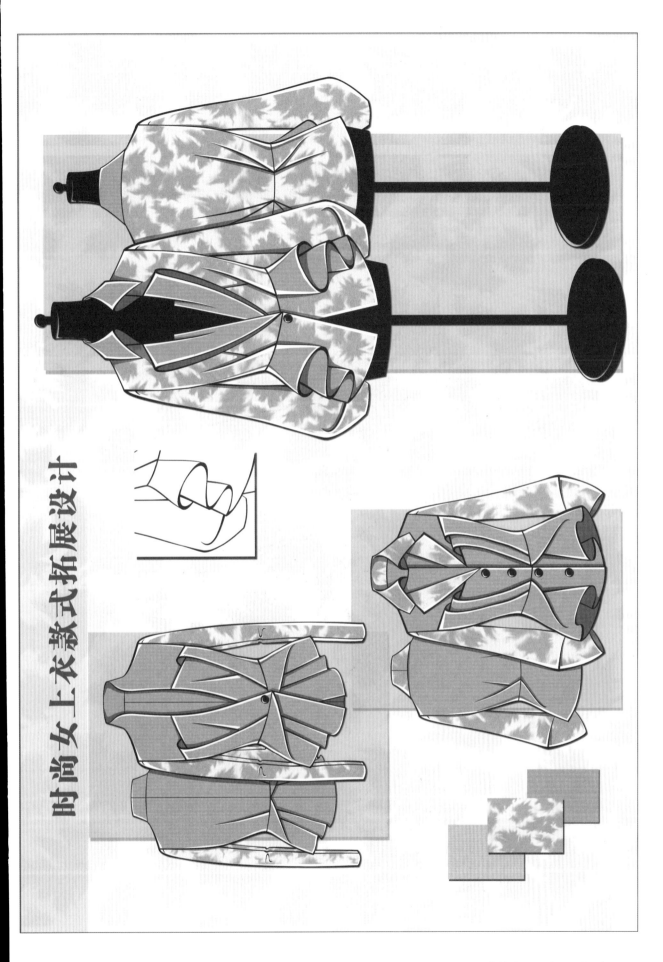

时尚女上衣款式拓展设计

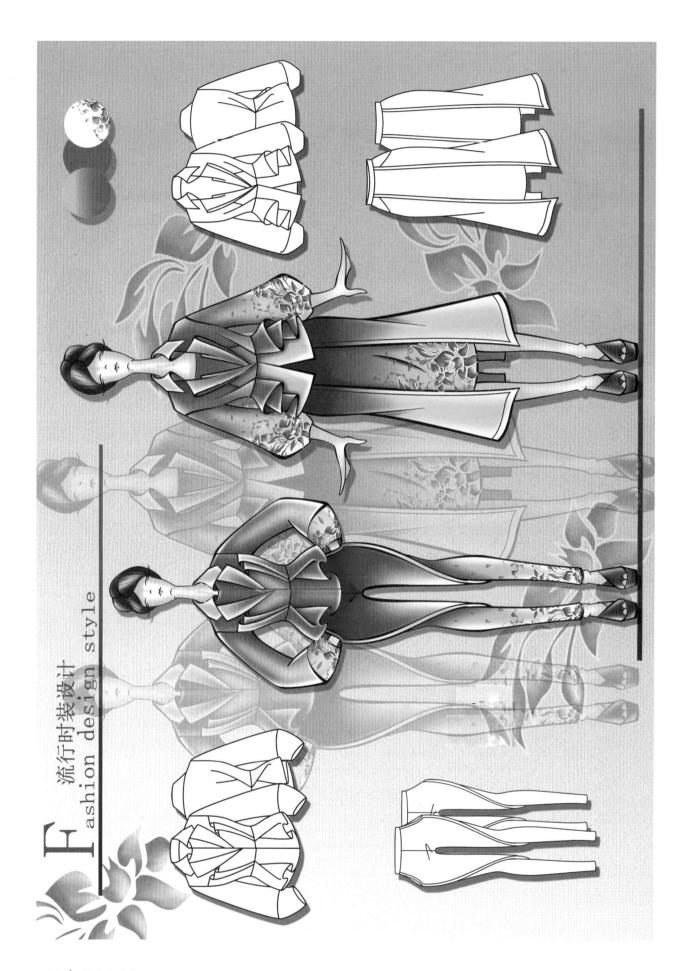

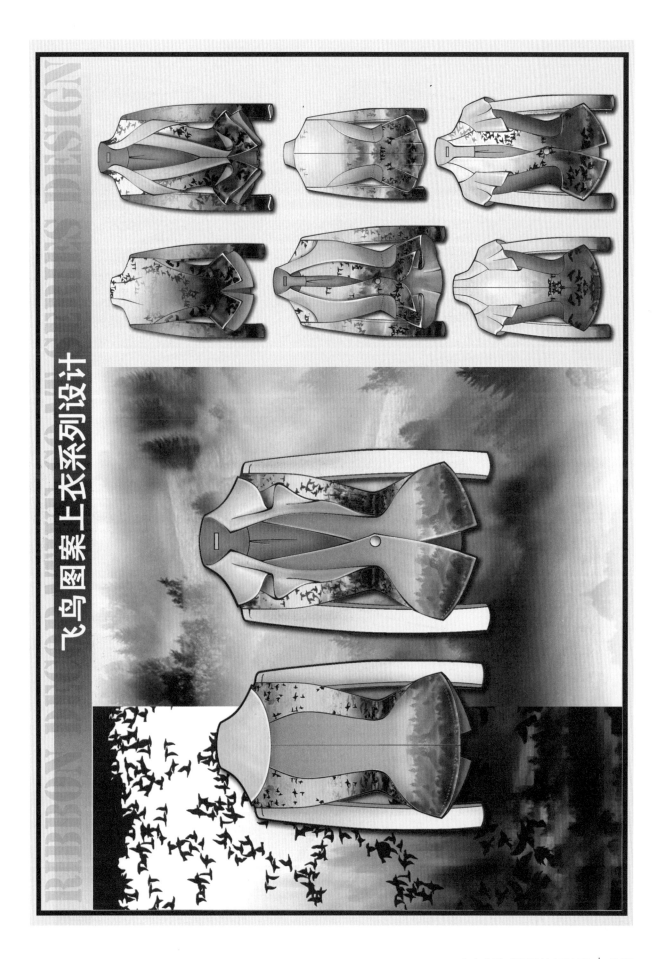

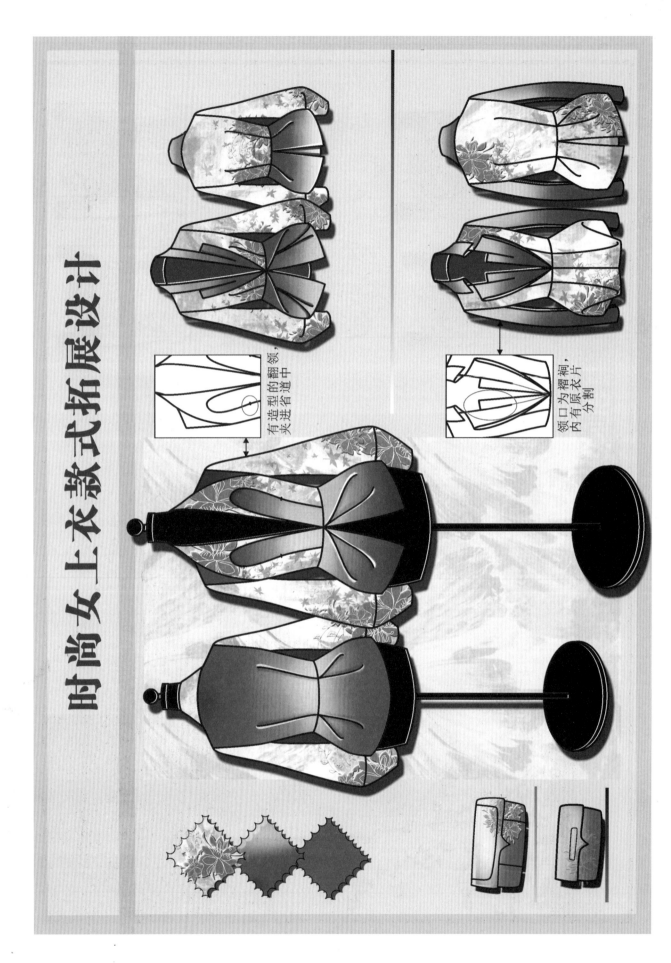

有造型的翻领，夹进省道中

领口为褶裥，内有原衣片分割

时尚女上衣款式拓展设计